家居色彩设计：170个室内配色创意与应用方案

姜晓龙——编著

江苏凤凰科学技术出版社
南京

Home Color Design | CONTENTS

目录

1. RED 红色系

2. PINK 粉色系

3. ORANGE 橙色系

4. YELLOW 黄色系

5. BROWN 棕色系

6. GREEN 绿色系

7. BLUE 蓝色系

8\.

PURPLE
紫色系

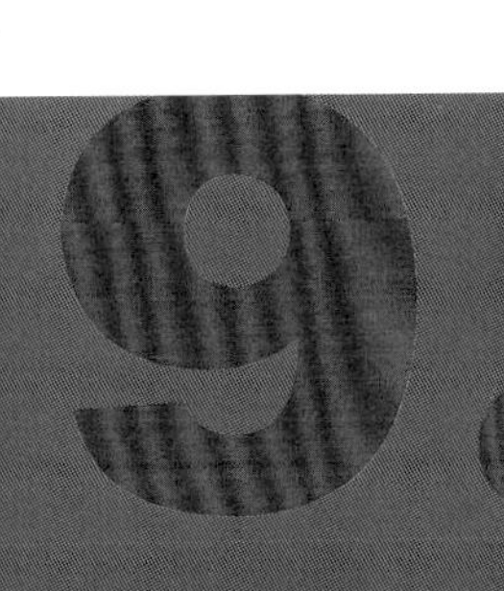

GRAY
灰色系

INDEX

Home Color Design | RED

1. 红色系

它是火，是光，是飞舞的霓裳，是流淌的血液，是欲望，也是忠贞。红色的世界没有王者，只有欲望的纠缠，它们可以被记录成浪漫的爱情，一遍遍地千古传唱，也可被塑造成宏伟的宫殿，一把火付之一炬，之后再重建，循环不息。家居的红色，最终成为个人的诗篇，写下平凡生活中的不平凡。

珊瑚色，相思火烧云

夕阳西下，城市上空的火烧云像在热烈燃烧，世界变得五彩斑斓，这便是珊瑚色带给我们的意象，这其中还有一抹岁月的流逝之感。珊瑚色还充满了度假风情，饱满的阳光和悠闲的气质，很适合打造充满女性魅力和轻松浪漫格调的家居。

CMYK

C:8 M:69 Y:53 K:0

C:6 M:5 Y:5 K:0

C:30 M:14 Y:63 K:0

C:8 M:11 Y:80 K:0

C:68 M:80 Y:58 K:21

搭配配比

珊瑚色 RD 1-01

亮白色 GY 1-01

芹菜色 GN 7-02

毛茛花黄 YL 1-04

西梅色 PL 1-03

解析：温柔浅淡的珊瑚色作为空间背景色被大面积使用，这注定将会是一场浪漫之旅。在古典风格的硬装环境中，渲染了珊瑚色后，仿佛回到了洛可可时代的浪漫生活。但是现代艺术无处不在，空间中以现代家具、饰品作为点缀，不仅带来了醒目的色彩，也使珊瑚色变得更为平和。

橘红色，天使之吻

延续了红色的热情与浓烈，明艳的色泽犹如欲语还休的烈焰红唇，张扬而性感的同时又在不经意间流露出自信与活力。温暖与浪漫的橘红色，将明媚与激情由春夏延长至秋冬，当它作为居室的装饰色彩出现时，鲜亮的色泽瞬间点亮居室，让人印象深刻。

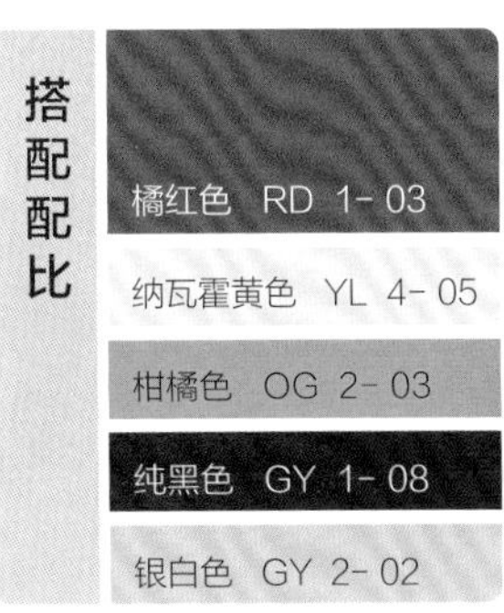

CMYK

C:20 M:90 Y:87 K:0

C:8 M:13 Y:25 K:0

C:3 M:55 Y:66 K:0

C:88 M:82 Y:76 K:64

C:28 M:23 Y:27 K:0

解析：书房木制家具采用了大胆的橘红色，而地毯使用了温暖的纳瓦霍黄色。柑橘色的沙发，搭配了银白色的靠包。而纯黑色作为空间的点缀，出现在壁炉的位置。空间色彩比较浓郁，但通过中性色调的调剂，更多地呈现出一种温暖和舒适感。

砖红色，红墙里的故事

颜色的灵感来自于英国插画家夏洛蒂 · 泰勒（Charlotte Taylor）的作品，砖红色经常出现在现代建筑的外立面，与简约冷峻的外表一起俯瞰着芸芸众生。然而，砖红色也是一款极具女性优雅特性的色彩，它极其贴近自然，低调而洒脱，给人一种如沐春风的感觉。

CMYK

C:76 M:19 Y:32 K:0
C:8 M:7 Y:13 K:0
C:44 M:79 Y:75 K:6
C:40 M:54 Y:60 K:0
C:58 M:51 Y:100 K:5

搭配配比

浅孔雀蓝 BU 6- 03
棉花糖色 GY 2- 01
砖红色 RD 1- 04
驼色 BN 4- 02
古铜色 GN 7- 09

解析：空间采用浅孔雀蓝作为墙面装饰色彩，搭配了棉花糖色的地毯。驼色的沙发上方悬挂着古铜色的装饰画。而低调的砖红色窗帘（编者注：因光线反射，图中颜色显得略浅），给空间带来轻松自然的气息，在浅孔雀蓝色墙面的衬托下，显得十分引人瞩目，优雅而随意。

珊瑚红，沉入海底的夕阳

珊瑚红是海洋赠予我们的浪漫礼物，它是来自海底红珊瑚的自然色彩，给人天鹅绒般的视觉感受，柔软而润滑。事实上它更加柔和，透出奶油色调既甜美又梦幻的特点，仿佛沉入海中的夕阳。珊瑚红若用于家居设计，则室内充满了热带风情，温暖但不躁动，如微风吹过脸颊。

CMYK

C:6 M:5 Y:5 K:0

C:18 M:19 Y:26 K:0

C:6 M:80 Y:57 K:0

C:81 M:74 Y:67 K:39

C:75 M:49 Y:96 K:10

搭配配比

亮白色 GY 1-01

沙色 BN 2-03

珊瑚红 RD 2-01

魅影黑 GY 3-05

树梢绿 GN 5-05

解析： 在一个充满海洋风情的家居中，空间背景色采用了清爽的亮白色，搭配黄麻地毯，空间中的沙发、单椅则使用了鲜艳的珊瑚红，结合伊卡特（IKAT）图案，打造出浓郁的海洋气息。而空间中适当地点缀绿植以及黑色饰品，可以很好地平衡空间的视觉感。

火红色，烈焰红唇

火红色像映入眼帘的一团火，燃烧着欲望和热情。它是情人炙热的唇，吐露着爱意和芬芳。它优雅的身姿、奔放的性格点燃了生命之火。在家居中它是最常用的红色，鲜亮的色调为平淡的生活注入活力，让一切都变得饱含深情。

CMYK

- C:22 M:96 Y:83 K:0
- C:28 M:23 Y:27 K:0
- C:34 M:46 Y:87 K:0
- C:82 M:43 Y:14 K:0
- C:81 M:74 Y:67 K:39

搭配配比

火红色	RD 2- 02
银白色	GY 2- 02
蜂蜜色	YL 3- 06
景泰蓝	BU 4- 03
魅影黑	GY 3- 05

解析：火红色的活力与强大气场使它可以成为家居的主打色彩。这个餐厅背景色采用火红色，而天花板则装饰了有趣的蜂蜜色图案，银白色的动物纹沙发和菱格地毯凸显了景泰蓝的餐椅，使之非常亮眼。整个空间色彩对比强烈，显得极其时尚。

蜜桃色，恋爱的味道

它是一种令人怦然心动的色彩，一念相思的色彩。它似少女的红唇，摇曳的长裙，风中飘舞的丝巾。它埋藏着情窦初开的秘密，长夜辗转的相思。蜜桃色独有的魅力不在于得到，而在于思念，它给人以距离感，带来美好牵挂，仿佛初尝恋爱味道的情人。

CMYK

C:6 M:5 Y:5 K:0

C:19 M:77 Y:57 K:0

C:81 M:74 Y:67 K:39

C:17 M:45 Y:84 K:0

C:26 M:17 Y:18 K:0

搭配配比

亮白色 GY 1- 01

蜜桃色 RD 2- 03

魅影黑 GY 3- 05

金色 YL 4- 03

冰川灰 GY 4- 01

解析： 在这间卧室中，最惹眼的一定是墙面，尽管它没什么突出的颜色，但是涂鸦的效果打破了常规的严谨。而蜜桃色的床架和床头板，带来温柔与妩媚的气息。现代风的床头柜与两盏中国风的红灯笼吊灯搭配，形成了反差萌。顺便说一下，床尾凳也从未如此可爱！

极光红，冻土世界的童话

极光红的色彩来自极地，只有到过才能体会到它的宏大和美妙，宛若神迹。它是造物的恩赐，只有踏上这片白茫茫的冻土冰原，才会看到漫天绚丽的色彩。极光红具有这片天堂的异色之美，它并不浓烈，却异常醒目，它是众多极光色彩中最优雅温和的，不论如何变化消散，都让人留恋。

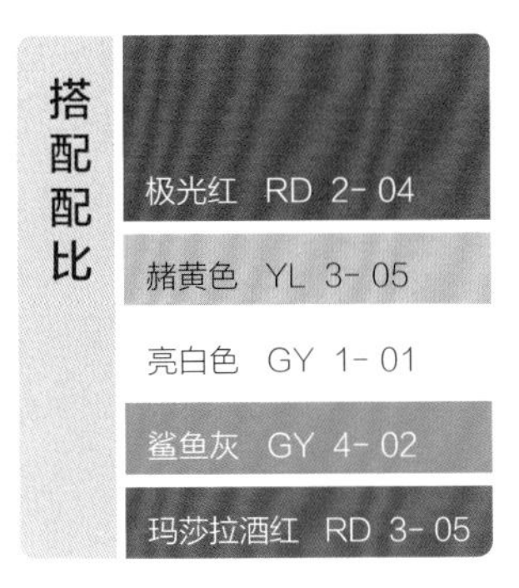

CMYK

C:35 M:90 Y:76 K:1

C:20 M:37 Y:71 K:0

C:6 M:5 Y:5 K:0

C:56 M:47 Y:41 K:0

C:48 M:77 Y:64 K:6

解析： 书房的多数家具采用了极光红的色彩，并通过书籍和摆件来缓解强烈的背景。赭黄色的地毯上摆放着豹纹的单人沙发和鲨鱼灰的多人沙发，整体搭配低调奢华。

沙漠红，黎明的雏菊

和大千世界其他事物一样，沙漠也有着不同的色彩。在天气炎热的非洲和自然景观美丽的澳大利亚，那里的沙漠呈现出明显的红色，远远望去，像燃烧的火焰，沙漠红的色彩也由此而来。沙漠红具有明显的灰色调，它像黎明绽开的雏菊，淡淡的红色调，水嫩而轻柔。它常常被用于家居背景色，给人优雅而低调的美感。

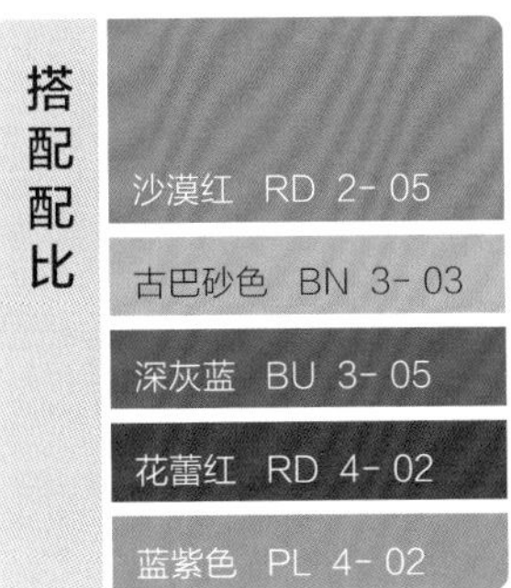

CMYK

- C:33 M:61 Y:49 K:0
- C:28 M:36 Y:44 K:0
- C:83 M:62 Y:44 K:3
- C:47 M:95 Y:61 K:6
- C:55 M:42 Y:16 K:0

解析：沙漠红作为空间背景色，搭配古巴砂色的地毯，令空间充满质朴的气息。深灰蓝的沙发与窗帘为空间增添了优雅和冷静气质。蓝紫色的装饰灯笼，花蕾红的折叠椅，这些小面积而醒目的颜色在保持空间整体气氛的基础上，起到了很好的调节作用。

番茄酱红，巴黎的午夜烟花

时尚的巴黎，曾经出现过极致奢华的洛可可文化，而低调优雅的番茄酱红为这种文化投下热情的一吻。它高贵而不妖艳，热情而不放纵，它与东方文化相得益彰，在洛可可时代的夜空中绽放出东方瑰丽的烟火。

CMYK

C:47 M:86 Y:78 K:13

C:29 M:48 Y:81 K:0

C:6 M:5 Y:5 K:0

C:34 M:46 Y:87 K:0

C:84 M:67 Y:28 K:0

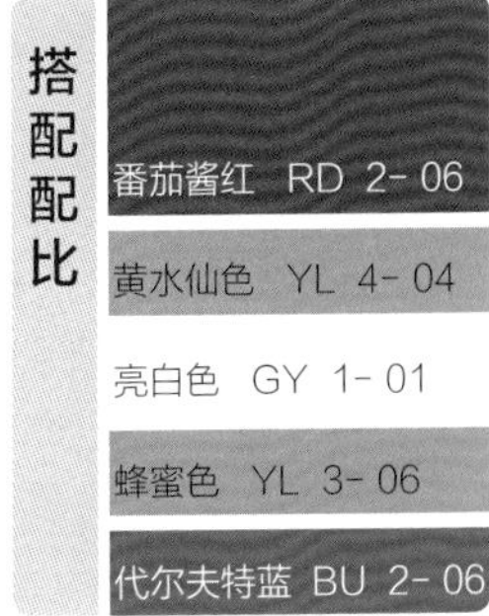

解析：这是一例经典的东西方风格相互融合的案例。番茄酱红的墙面装饰采用了经典的东方元素，并搭配花鸟图案。曾是洛可可风格的墙面饰品变成了东方侍女的元素，家具依旧使用经典的西方造型，东西方元素的碰撞，没有冲突，只有优雅和谐的装饰效果。

中国红，历史悠久的东方魅力

中国红，东方世界的国色，历经千年的沧桑岁月而不曾遗失动人风华。它氤氲着古色古香的秦汉气息，沿袭着灿烂辉煌的魏晋脉络，延续着盛世气派的唐宋遗风，流传着独领风骚的元明清神韵。它以其丰富的文化内涵，盘成一个环环相扣的中国结，鼓舞着龙的传人，生生不息。而中国红用于家居设计中，将让优雅传统如曼殊沙华般绚烂绽放。

CMYK

C:32 M:98 Y:80 K:1

C:6 M:5 Y:5 K:0

C:26 M:17 Y:18 K:0

C:81 M:40 Y:29 K:0

C:8 M:11 Y:80 K:0

搭配配比

中国红	RD 3- 02
亮白色	GY 1- 01
冰川灰	GY 4- 01
蓝鸟色	BU 5- 01
毛茛花黄	YL 1- 04

解析： 中国红背景下的客厅热情奔放，充满想象力和创造力。天花板采用亮白色，但是加入了看似凌乱的涂鸦线条，趣味十足。空间的陈设，不论是几何线条的家具，还是抽象的装饰品，都突出了现代时尚特色。在这里，黄色与蓝色的点缀，增添了时尚感和空间的层次感。

洛可可红，蓬帕杜夫人的浪漫回忆

洛可可红，源自法国的浪漫情怀，是蓬帕杜夫人的挚爱，它是一首道尽女性柔美的动人情歌，是永不凋零的凡尔赛玫瑰。洛可可红象征着永恒，代表着无尽的爱意，在与洛可可风格的相互糅合中，衍生出一种更加令人怦然心动的感觉。纯情的洛可可红，永恒的罗曼史，你无法抗拒，无法不着迷。

搭配配比

色名	CMYK
洛可可红 RD 3- 03	C:32 M:91 Y:66 K:1
亮白色 GY 1- 01	C:6 M:5 Y:5 K:0
曙光银 BN 2- 04	C:29 M:26 Y:30 K:0
阿罕布拉绿 GN 1- 05	C:83 M:35 Y:61 K:0
海港蓝 BU 4- 04	C:91 M:63 Y:39 K:1

解析：洛可可红在家居中给人以古典的美好和法式的精致浪漫感。洛可可红是大面积使用也不会有压迫感的颜色，反而能让人沉浸在不断散发的魅力之中。在这个儿童房的案例中，墙面使用了洛可可红的墙纸，搭配明亮的阿罕布拉绿，明快而时尚，在这样舒适的家居环境中，可以慵懒地享受穿越时光而来的动人格调和异域风情。

庞贝红，时光长河里的一声叹息

剥离历史的陈迹，我们看到长埋地下的庞贝古城，保存完好的壁画和罗马柱上，斑斑的红色颜料，记录着这个城市曾经的繁荣。庞贝红是一段文明的记忆，是繁华湮灭后的一声叹息。今天它出现在我们眼前，仿佛走在开满山茶花的小路上，火红的花海将一切热情与活力都聚集压缩在那亮丽的色泽里。

CMYK

C:43 M:94 Y:81 K:8

C:6 M:5 Y:5 K:0

C:28 M:36 Y:44 K:0

C:84 M:43 Y:39 K:0

C:4 M:19 Y:71 K:0

搭配配比

庞贝红 RD 3- 04

亮白色 GY 1- 01

古巴砂色 BN 3- 03

孔雀蓝 BU 5- 05

山杨黄 YL 3- 02

解析：墙面色彩采用了优雅的庞贝红，通透而纯净。为了避免大面积红色造成过度刺激，墙面采用了亮白色挂画进行调剂，搭配的窗帘也选择了亮白色。地毯使用了古巴砂色，同时点缀了明亮的山杨黄和孔雀蓝的配饰。

花蕾红，少女的胭脂

花蕾红的色相已经从红色向粉色转变了，它是一种令人心怦怦跳的富有挑逗性的红色。它新潮时尚，不落俗套，容易让人联想到旧时少女使用的胭脂，粉红色的化妆盒子，装扮了自己，也装扮了别人的梦。

CMYK

- C:47 M:95 Y:61 K:6
- C:7 M:14 Y:37 K:0
- C:34 M:46 Y:87 K:0
- C:40 M:54 Y:60 K:0
- C:75 M:49 Y:96 K:10

搭配配比

- 花蕾红 RD 4- 02
- 奶油色 YL 3- 01
- 蜂蜜色 YL 3- 06
- 驼色 BN 4- 02
- 树梢绿 GN 5- 05

解析： 充满洛可可时代风情的书房设计，墙面采用了带有强烈女性魅力的花蕾红装饰，奶油色的沙发和窗帘使用了传统“法式中国风”（chinoiserie）的图案，与之配套的壁炉上方的装饰镜子也是经典的洛可可风格的设计。

高原红，青藏高原上的朱砂

它是僧侣身上的袈裟，不着修饰，只求精神境界的完美。它是一间间寺庙粉饰的色彩，不为惊艳，只求佛法庄严。它也是唐卡、壁画的色彩，传播着佛陀的智慧。高原红，这款庄重的色彩在家居中更多是作为古典风情的装饰使用，不用太多，就可达到画龙点睛的效果。

CMYK

- C:46 M:37 Y:36 K:0
- C:54 M:88 Y:66 K:19
- C:91 M:70 Y:49 K:9
- C:56 M:73 Y:78 K:22
- C:84 M:67 Y:28 K:0

解析： 餐厅的古典气氛首先从银色的墙面装饰开始，新古典主义风格的壁纸为空间奠定了复古的氛围。摩洛哥蓝的窗帘与高原红的古典餐椅，让空间变得更加优雅妩媚。传统的古典家具和代尔夫特蓝的装饰瓷器，让人们不禁回想起那个充满激情和欲望的古典时代。

搭配配比

- 银色 GY 1- 03
- 高原红 RD 4- 03
- 摩洛哥蓝 BU 4- 05
- 玳瑁色 BN 5- 02
- 代尔夫特蓝 BU 2- 06

Home Color Design | PINK

2. 粉色系

粉色系，是专属于女人的色彩。它是一首满载浪漫的青春圆舞曲，是每个女人心底最深的回忆。它的热情如斑斓绚丽的火烈鸟，像一片烈焰火海，永不熄灭。它的魅力像一双优雅的高跟鞋，充满了美好的幻想，无法停息。它甜蜜似娇艳欲滴的双唇，让人心动，令人难以忘怀。走入粉色的世界，就像赴一场人生的浪漫约会，在温柔乡中沉醉不知归路。

水晶玫瑰色，飘落的樱花雨

水晶玫瑰色，有水晶的晶莹剔透，也有玫瑰的温婉秀丽。漫天铺陈的水晶玫瑰色，就像春季飘落的樱花，浓淡相宜，娴静姣好。它色调柔和，可以作为背景色大面积使用，给人以清新淡雅的感觉，还可以作为点缀色使用，尽显女性温柔。

CMYK

C:12 M:8 Y:12 K:0

C:26 M:17 Y:18 K:0

C:30 M:33 Y:37 K:0

C:24 M:44 Y:68 K:0

C:2 M:31 Y:13 K:0

搭配配比

百合白 GY 5- 04

冰川灰 GY 4- 01

月光色 BN 4- 05

橡木黄 YL 4- 02

水晶玫瑰色 PK 1- 01

解析： 该空间的用色极为淡雅，让人想起日出时宁静的天空。一个充满现代感的水晶玫瑰色沙发成为整个空间的焦点，沙发上的长靠包与窗帘使用了同款图案的面料。橡木黄的桌椅配件和架子则为空间注入了轻奢气息。

火烈鸟粉，纳库鲁湖的水域天堂

温润的天气，一望无垠的金色麦田，经过绵长的公路，便可以到达肯尼亚纳库鲁湖（Nakuru Lake）。这是一片辽阔的水域，也是火烈鸟的天堂。洁白的身体，翅膀下和尾巴的羽毛露出深深浅浅的粉红色，这是一种靓丽的粉红色。它是大自然中最自由的精灵，有着对生命的珍爱和对爱情的执着。

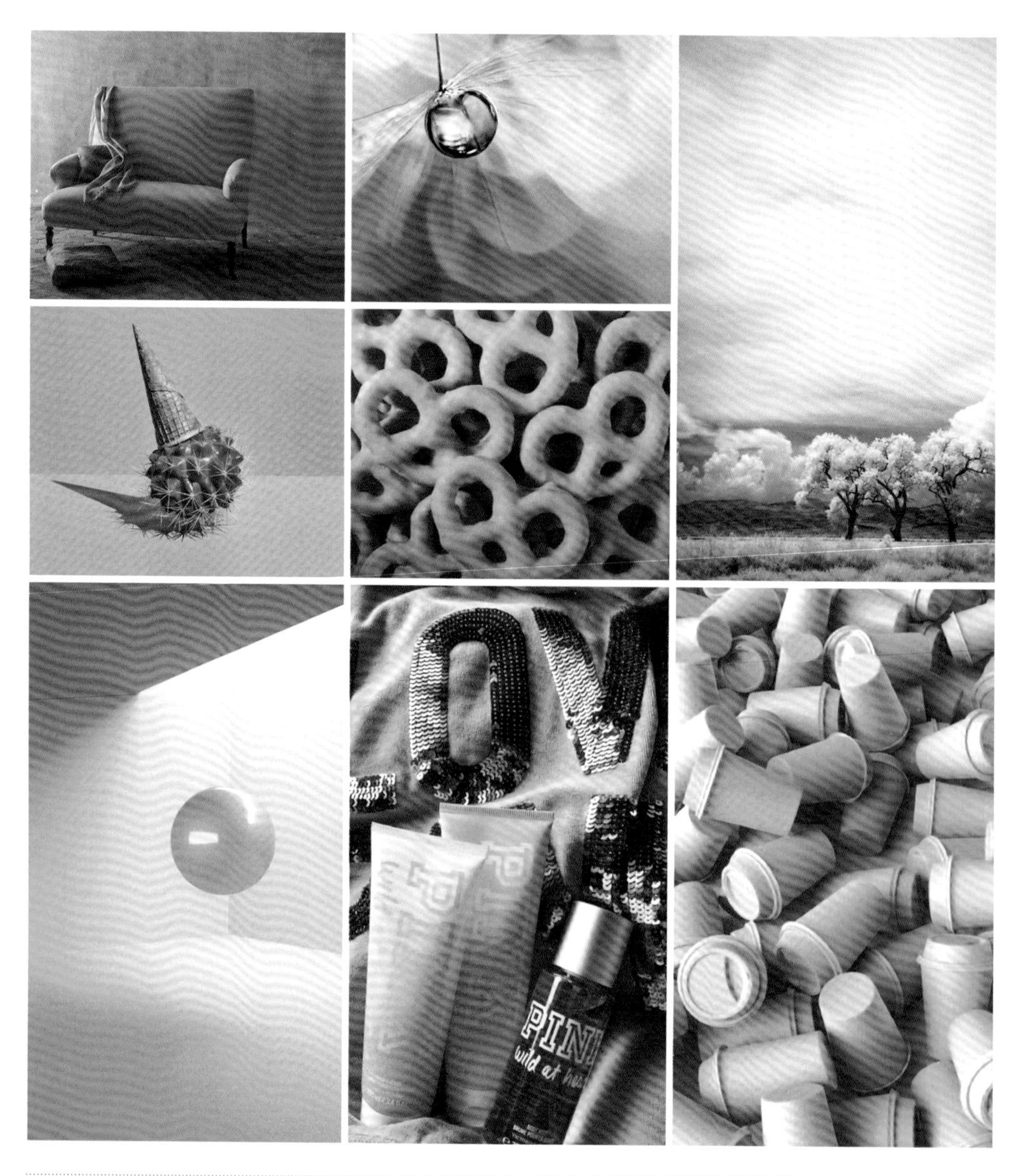

CMYK

C:4 M:54 Y:24 K:0

C:6 M:5 Y:5 K:0

C:7 M:7 Y:13 K:0

C:91 M:70 Y:49 K:9

C:22 M:96 Y:83 K:0

搭配配比

火烈鸟粉 PK 1- 02

亮白色 GY 1- 01

白鹭色 YL 2- 01

摩洛哥蓝 BU 4- 05

火红色 RD 2- 02

解析：空间采用了明亮的火烈鸟粉作为背景色，搭配白鹭色窗帘。亮白色作为空间的缓冲色，出现在一些家具和小饰品上。摩洛哥蓝的沙发，让空间显得沉稳，而最后一抹火红色的点缀，让空间充满灵动感。

珊瑚粉，夏日派对

它像一场夏日的派对，给人留下难忘的甜蜜记忆，不仅有浪漫的沙滩，温柔的海浪，还有纯真的友情与爱情，这就是珊瑚粉的意义。它有如梦似幻的淡雅之美，也有心心念念的相思之苦，它时而如薄纱般轻盈，时而如阳光般温暖，多变的性格，都由情绪掌控，但是唯一不变的是优雅的本质。

CMYK

- C:10 M:36 Y:14 K:0
- C:26 M:17 Y:18 K:0
- C:17 M:77 Y:18 K:0
- C:6 M:5 Y:5 K:0
- C:75 M:49 Y:96 K:10

搭配配比

珊瑚粉	PK 1- 03
冰川灰	GY 4- 01
胭脂粉	PK 2- 02
亮白色	GY 1- 01
树梢绿	GN 5- 05

解析： 如果你是粉色控，空间也可以大面积使用粉色，但需注意比例与层次。以珊瑚粉作为背景，搭配同色系胭脂粉印花沙发，以中性色作为过渡，呈现清冽的层次感，带来热恋般的甜蜜滋味。配合着明亮的光线，使空间朦胧之中更显清雅与梦幻。

草莓冰，天使桃心

流逝的是岁月，抹不去的是那些年匆匆的青春回忆。回味的是甜蜜，难以抵御的是青春的第一抹粉红——草莓冰色。可口的草莓冰，光听名字就能让人联想到其清爽、绵密、不甜腻的诱人口感。与以往流行的粉红色不同，草莓冰充满了味觉感，透着冰淇淋般的奶油色彩。将它用于家居设计，既能展现出女性温柔甜美的一面，又能打造出浪漫温情的家居氛围。

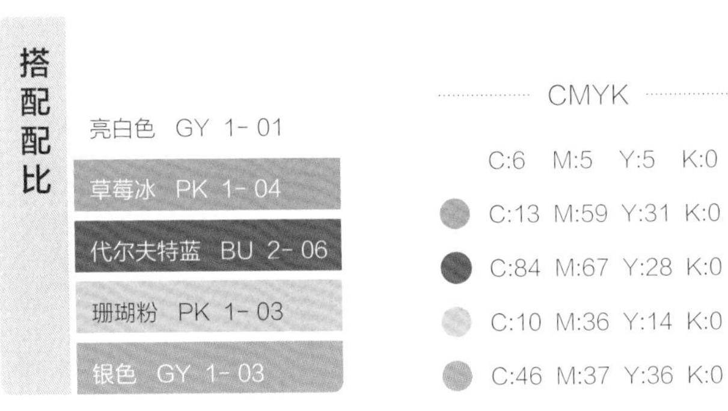

解析： 草莓冰的现代空间，充满了大胆的设计。从墙面色彩的对比看出设计师的大胆尝试，从珊瑚粉到草莓冰，最后加入醒目的代尔夫特蓝，墙面色彩层次分明。亮白色作为空间的补充色，点缀了银色沙发，平衡着空间的冷暖色调。

倾倒众生的热粉红色

优雅浪漫的热粉红色，是一种倾倒众生的迷人色彩。它柔美、热情，是女性魅力的象征，将女性的青春魅力充分地释放出来。这款颜色是粉色系中非常张扬的色彩，只需一点点，就可以点燃内心的热情，它是女性化家居中重要的点缀色。

CMYK

C:6 M:5 Y:5 K:0

C:23 M:17 Y:24 K:0

C:29 M:12 Y:28 K:0

C:11 M:78 Y:26 K:0

C:75 M:49 Y:96 K:10

搭配配比

搭配配比
亮白色 GY 1- 01
银桦色 GY 5- 05
浅灰绿色 GN 4- 04
热粉红色 PK 1- 05
树梢绿 GN 5- 05

解析：优雅、热情的热粉红色，最能体现女性魅力。不论在成人还是儿童的世界里，它都举足轻重。这个案例中，亮白色的空间采用了柔和色调，从银桦色的地毯到浅灰绿色的床头板，都在营造着梦幻的感觉，而热粉红色的床尾凳，醒目、优雅，是空间中的灵魂。

康乃馨粉，纯情罗曼史

康乃馨粉没有玫瑰红的娇艳倾城，也不如百合白的清雅高洁。它的美总是内敛的，需要细细品味才能体会其中温婉的魅力。康乃馨粉用于家居，如一道清流，用柔美娇羞的色彩和清纯的质感，让人心生爱恋。它是家居中靓丽的风景线，是现代风格的软化剂。

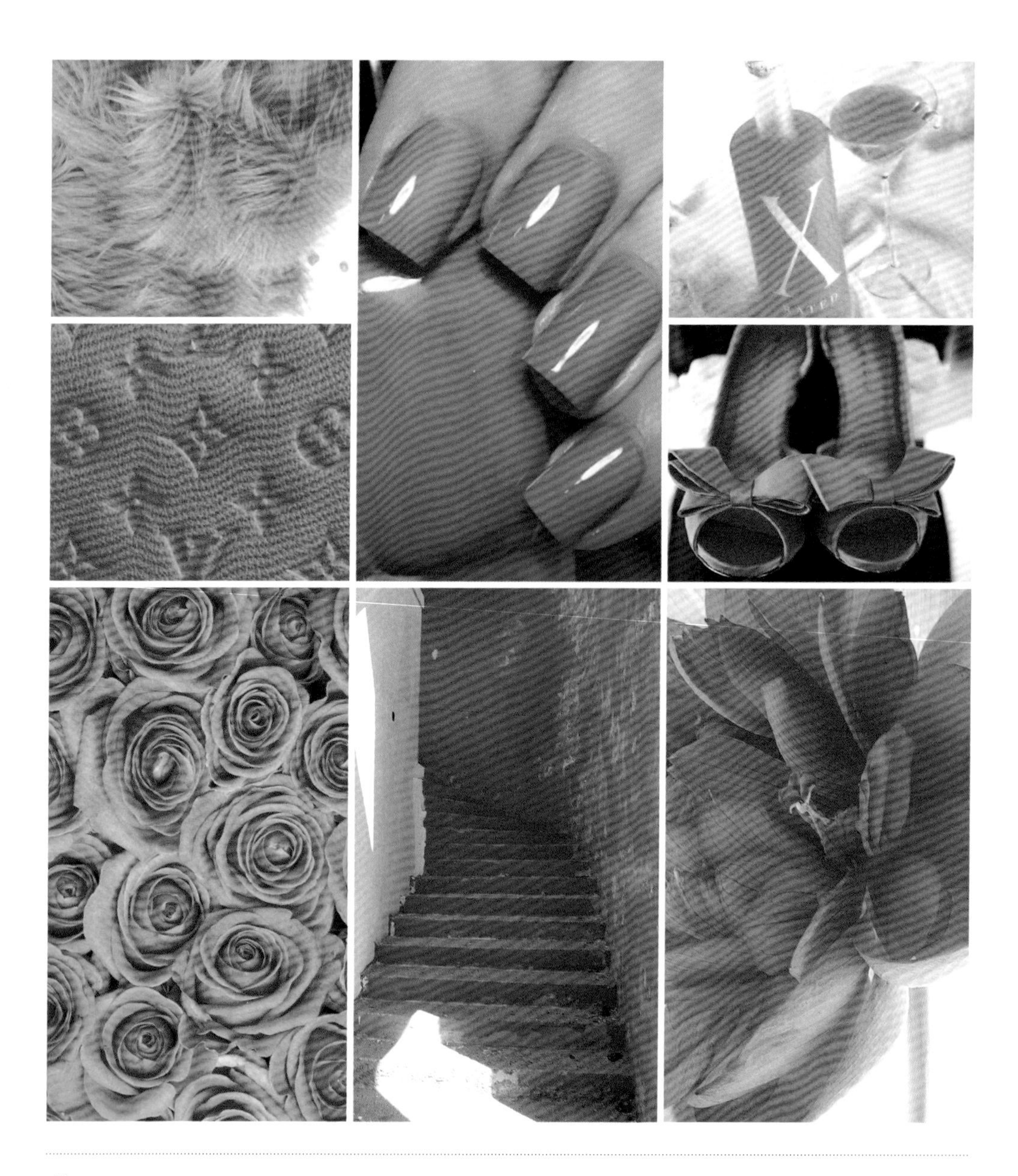

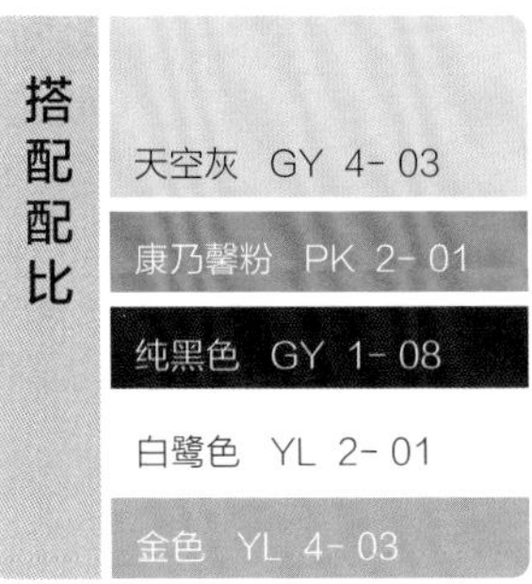

CMYK

C:32 M:16 Y:20 K:0

C:8 M:66 Y:12 K:0

C:88 M:82 Y:76 K:64

C:7 M:7 Y:13 K:0

C:17 M:45 Y:84 K:0

解析：客厅的硬装非常精致，使用了天空灰作为墙面背景色。充满个性的窗帘，其中的黑色纹样与客厅中其他的黑色点缀相呼应。空间中最为醒目的就是康乃馨粉的沙发，在中性色环绕的空间中，一下子注入了女性的千般魅力。

胭脂粉，桃花笑春风

胭脂粉带来了浪漫的光环，它是充满古典气息的色彩，是美人的精致妆容。然而，容颜易改，那娇艳欲滴的胭脂粉却始终萦绕心头。这款少女气息的粉色，写满了初恋的情愫。它让人回忆起情窦初开时、青涩懵懂间，那些被时光珍藏的故事。

搭配配比

搭配配比	CMYK
水晶玫瑰色　PK 1- 01	C:2　M:31　Y:13　K:0
雾色　GY 1- 02	C:22　M:13　Y:17　K:0
胭脂粉　PK 2- 02	C:17　M:77　Y:18　K:0
亮白色　GY 1- 01	C:6　M:5　Y:5　K:0
深海绿　GN 1- 01	C:87　M:64　Y:63　K:22

解析： 空间的背景色采用了让女人心醉的水晶玫瑰色，温婉秀丽、浓淡相宜，好似睡莲，娴静而姣好。而胭脂粉的座椅绚烂热烈、美艳绝伦。雾色的窗帘与斑马纹单椅让人联想到雨雾和田埂，自然朴实之气扑面而来。

甜菜根色，飞燕红装

甜菜根色是粉色系中最明艳动人的色彩，它如女性优美的身姿般体现着成熟韵味与性感气质。它充满了戏剧张力，像一个敢爱敢恨的女子，直接表达着自己对美和爱的追求，它的坦率和直白，能轻松地俘获人心。所以甜菜根色用在家居设计中，在烘托气氛、制造焦点上具有强大的力量。

搭配配比		CMYK
白鲸灰	GY 1- 07	C:75 M:69 Y:70 K:35
亮白色	GY 1- 01	C:6 M:5 Y:5 K:0
甜菜根色	PK 2- 03	C:26 M:92 Y:34 K:0
雾色	GY 1- 02	C:22 M:13 Y:17 K:0
金色	YL 4- 03	C:17 M:45 Y:84 K:0

解析：如何打造一个优雅且偏中性的客厅空间，这个案例显得非常经典。白鲸灰的墙面，搭配白色的线条，带来色彩的强烈对比。而甜菜根色的窗帘，赋予了空间优雅的气质和女性魅力。

粉丁香色，香格里拉的破晓霞光

旭日破晓，霞光万丈，洒在山间，一时色彩缤纷。粉丁香色是霞光中一束柔和的色彩，甜美中展露着浅紫色的轻盈梦幻，恰似香气馥郁的薰衣草，想要将它时刻捧在手心。将粉丁香色运用到家居中，娇嫩细腻的色调与饱满丰盈的线条勾勒出少女心中的童话世界，满足人们对浪漫生活的憧憬。

搭配配比		CMYK
冰川灰	GY 4- 01	C:26 M:17 Y:18 K:0
米褐色	BN 3- 01	C:21 M:31 Y:42 K:0
粉丁香色	PK 3- 01	C:9 M:41 Y:4 K:0
亮白色	GY 1- 01	C:6 M:5 Y:5 K:0
魅影黑	GY 3- 05	C:81 M:74 Y:67 K:39

解析： 在以冰川灰作为背景色的空间中，地面采用了米褐色的地毯。相对柔和的环境中，粉丁香色的单人沙发以及近似色的挂画，为空间增添了女性的温柔感，点缀的紫色靠包和亮白色沙发起到了很好的搭配效果。

柔玫瑰色，最美的时光

当玫瑰花浓烈的色彩逐渐消散，澎湃的热情成为涓涓细流而默默流淌的时候，你感受到的是柔玫瑰色的温情。这是一款柔和的粉红色，活泼轻盈，充满质感。它在 20 世纪 60 年代曾风靡一时，俘获了无数女人的心，它在抚平战后人们内心的创伤、开启和平时代美好生活中起到了重要作用。

CMYK

C:24 M:58 Y:20 K:0

C:22 M:13 Y:17 K:0

C:43 M:24 Y:46 K:0

C:6 M:5 Y:5 K:0

C:26 M:92 Y:34 K:0

解析：来自绿叶与花朵的自然配色令人十分舒适。柔玫瑰色作为空间背景色，搭配亮白色印花窗帘与床品，清新浪漫。灰绿色的床板包布带入自然气息，与粉色背景相碰撞，使得空间层次拉伸有度。

淡丁香色，相思水彩画

淡丁香色是初春漫山遍野绽放的樱花的颜色，随着远方层林尽染，在朦胧雾气中，定格为一幅淡然的水彩画。它似隐藏在阁楼里的陈年记忆，伴随着落日的余晖，翻看着褪色的老照片。淡丁香色是爱的回忆，也是长情的思念。

搭配配比

搭配配比	CMYK
棉花糖色 GY 2- 01	C:8 M:7 Y:13 K:0
亮白色 GY 1- 01	C:6 M:5 Y:5 K:0
沙色 BN 2- 03	C:18 M:19 Y:26 K:0
淡丁香色 PK 3- 03	C:14 M:25 Y:8 K:0
魅影黑 GY 3- 05	C:81 M:74 Y:67 K:39

解析： 一个优雅的客厅案例，充沛的阳光，在棉花糖色窗帘装饰的墙面上投下温暖的阴影。沙色的黄麻地毯，带来自然舒适的感觉。客厅的沙发摆放非常典型，而淡丁香色的沙发为空间带来柔和雅致的气息。

奶油粉，高原上的玫瑰盐

喜马拉雅山上的玫瑰盐，经历亿万年的沧海桑田，才凝结成这优雅的色彩。它有着淡淡的粉红色，清亮柔和，它有浮萍的轻盈，吹弹可破，也因此更惹人爱怜。奶油粉色用于家居中，使空间充满清甜治愈感，可轻松化解人们的疲劳与焦虑。

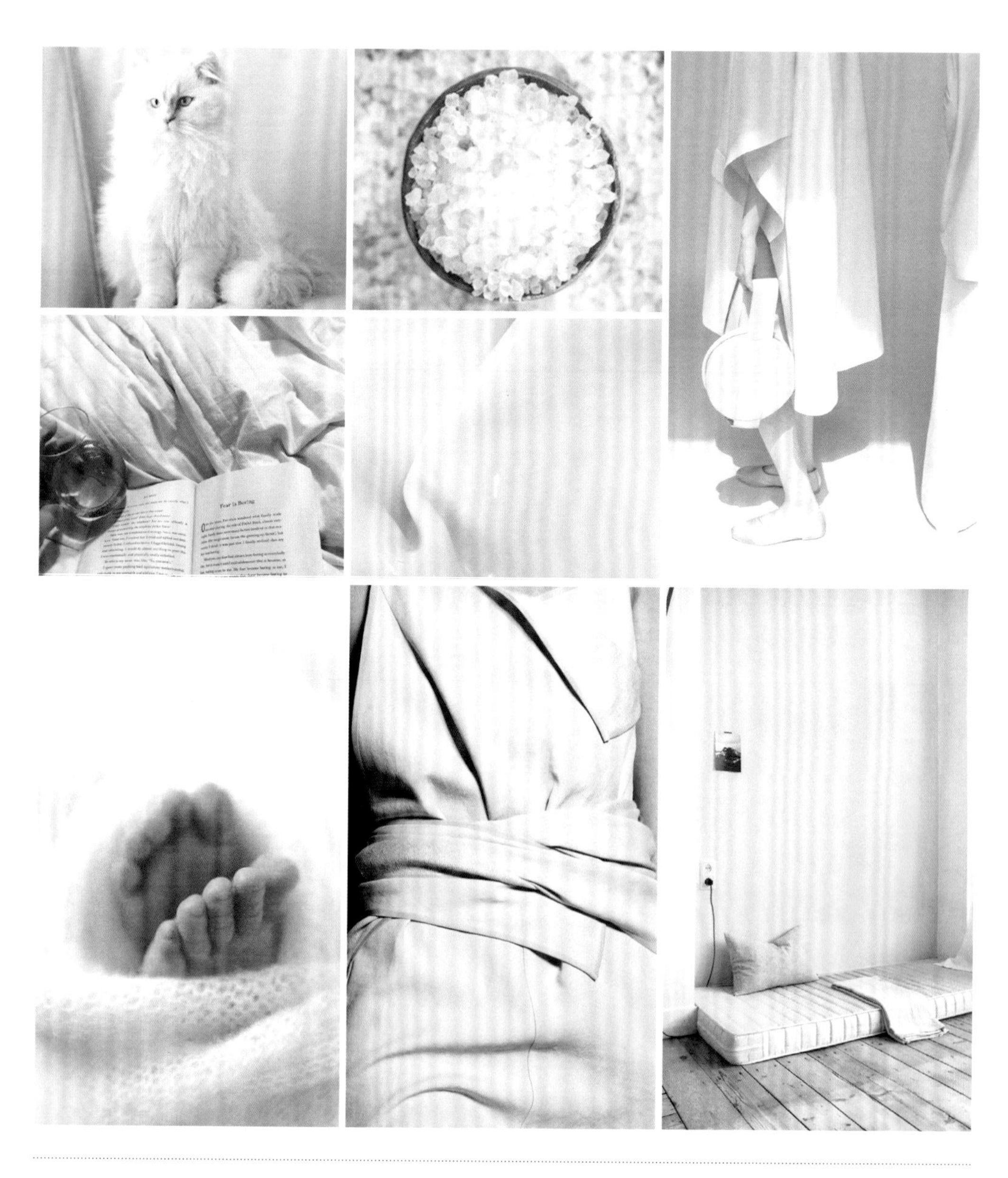

搭配配比		CMYK
奶油粉	PK 4-01	C:6 M:13 Y:13 K:0
冰川灰	GY 4-01	C:26 M:17 Y:18 K:0
暗粉色	PK 4-03	C:14 M:39 Y:35 K:0
古金色	YL 2-06	C:10 M:32 Y:87 K:0
玳瑁色	BN 5-02	C:56 M:73 Y:78 K:22

解析：用奶油粉色大面积装饰卧室时，宜搭配亮白色来平衡视觉感，一把古金色座椅装饰恰到好处，而柔和的暗粉色窗帘，让宁静的空间洋溢着活力，整个空间显得温馨而典雅。

香槟粉，最长情的告白

香槟粉给人的印象是仿佛被奶油融化了的静止时光，宁静中充满了柔和的力量，它能融化一切，流淌着无声的告白。任何事物一旦与香槟粉结合，便拥有了温馨色调的柔美感，无论是漂浮的云朵、生长的草木、冷酷的岩石，还是锦缎棉麻，都可以变得温婉动人。

搭配配比

颜色	CMYK
香槟粉 PK 4- 02	C:7 M:16 Y:18 K:0
亮白色 GY 1- 01	C:6 M:5 Y:5 K:0
曙光银 BN 2- 04	C:29 M:26 Y:30 K:0
魅影黑 GY 3- 05	C:81 M:74 Y:67 K:39
暗柠檬色 YL 2- 04	C:16 M:21 Y:57 K:0

解析： 这是一个比较特殊的卫生间案例，体现了女性的优雅魅力和亲近自然之感。墙面使用了香槟粉进行装饰，而传统卫生间的黑白配色，在这里变成小面积的搭配。空间中还点缀了代表生机活力的暗柠檬色和中性的曙光银饰品。

暗粉色，绽放的七彩菊

暗粉色来源于绽放的七彩菊，淡淡的、暖暖的色调带着一丝挑逗与浪漫，令人爱不释手。它的色泽不过分明丽，也不过于隐匿，可以说低调优雅得刚刚好。淡然舒缓的色泽适宜用作空间背景色，搭配浅色调的家居饰品，可轻松营造出一片安然与恬适的氛围。

搭配配比

色彩	CMYK
暗粉色 PK 4- 03	C:14 M:39 Y:35 K:0
纳瓦霍黄色 YL 4- 05	C:8 M:13 Y:25 K:0
黄水仙色 YL 4- 04	C:29 M:48 Y:81 K:0
挪威蓝 BU 4- 02	C:68 M:22 Y:17 K:0
树梢绿 GN 5- 05	C:75 M:49 Y:96 K:10

解析：轻盈、柔美、充满温情，这恐怕是暗粉色给人最为直接的印象。它作为空间背景色，尽显少女气质的可爱与细腻，于简约中彰显优雅与知性。而搭配的阔叶绿植盆栽绝对是暗粉色最天然的调色剂，再点缀挪威蓝的饰品，使空间浪漫而充满梦幻。

Home Color Design

ORANGE

3. 橙色系

橙色是日落时天边的云彩，依依不舍地沉入夜晚；橙色是秋天里收获的果实，沉甸甸地满载幸福；橙色还是无边落木萧萧下的苍凉，在无奈中等待春天的到来。橙色是时尚的色彩，在现代都市中，它以自身的傲娇气质，显得卓尔不群。在家居设计里，橙色永远都是充满希望和快乐的华丽色调，有了它的加入，空间会焕发出蓬勃的生机和温暖的气息。

带来秋天回忆的深干酪色

看到深干酪色，让人联想到深秋的枫树下零落一地的树叶，在夕阳的照射下，闪烁着橙色的光芒。这个色彩既让人感受到秋天收获累累果实的欣慰，也会带来深秋里凄风苦雨的惆怅。它带来的色彩联想是复杂的，也是充满各种回忆的。

CMYK

C:23 M:17 Y:24 K:0

C:14 M:25 Y:36 K:0

C:85 M:73 Y:53 K:16

C:12 M:59 Y:93 K:0

C:84 M:43 Y:39 K:0

解析: 客厅采用银桦色作为墙面背景色，搭配深牛仔蓝的窗帘，对比强烈，突出了蓝色的优雅气质。在小麦色的地毯上，摆放了深干酪色的沙发，而与之对应的是孔雀蓝的单人沙发，两者互相映衬，时尚而温馨。

爱马仕橙，名利场的花样年华

爱马仕橙，清新而夺目，像是夕阳映照下的海面，又像是壁炉里流淌的火焰，它是狂欢前的期许，又是灿烂后的宁静。时尚界的爱马仕橙独树一帜，家居中的爱马仕橙也大放异彩。它的明度、彩度都很高，大面积应用于家居空间时，最好添加装饰，打造断点和空白，比如使用带图案的壁纸或将装饰画放进空间。作为点缀色时，可以选择中性色背景，其百搭特性可以让你在搭配爱马仕橙时少了许多顾忌。

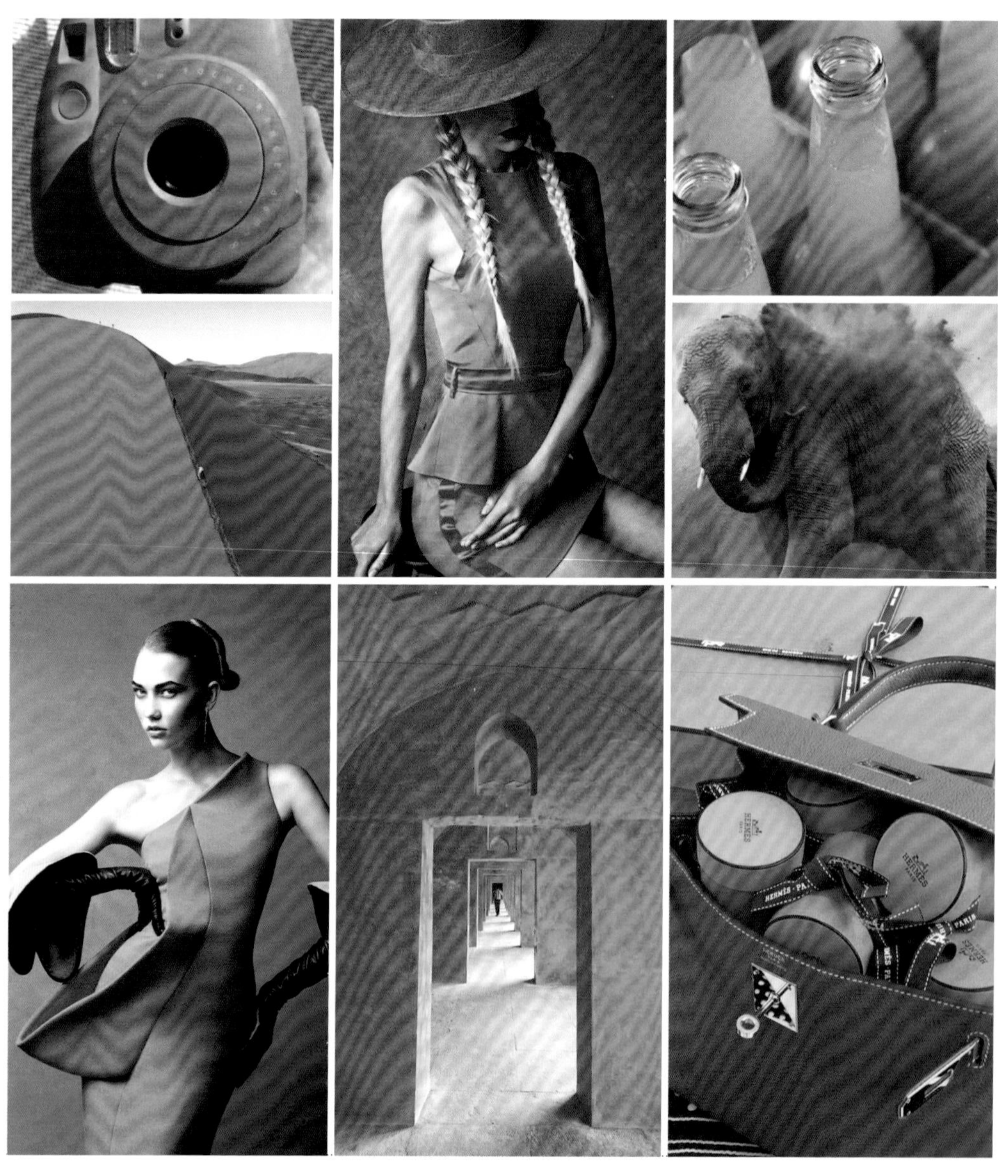

CMYK

- C:0 M:67 Y:90 K:0
- C:33 M:43 Y:63 K:0
- C:6 M:5 Y:5 K:0
- C:56 M:47 Y:41 K:0
- C:44 M:32 Y:83 K:0

搭配配比

爱马仕橙	OG 2- 01
淡金色	BN 2- 05
亮白色	GY 1- 01
霜灰色	GY 3- 04
绿洲色	GN 7- 03

解析： 在这间卧室中，爱马仕橙壁纸营造出十足的现代艺术感，整体空间立体而热情。霜灰色的床体同丰富的墙面纹理形成鲜明对比，并与白色拉开层次。淡金色的亚麻地毯同样富有立体感，丰富了空间纹理。

橙赭色，喀纳斯的胡杨林

秋天的喀纳斯，星罗棋布的胡杨林点燃了金色的沙漠，点燃了金色的河流，也点燃了人们对橙色的热情。荒野上的胡杨林穿上它一年中最灿烂的盛装，橙赭色的树叶在阳光的照耀下更是层林尽染，美轮美奂，将单调的沙漠装点得如童话世界般美丽。

CMYK

C:16 M:63 Y:80 K:0

C:7 M:7 Y:13 K:0

C:66 M:43 Y:30 K:0

C:81 M:74 Y:67 K:39

C:19 M:23 Y:5 K:0

解析： 这是一处别致的空间，墙面全部采用橙赭色装饰，白鹭色的地毯上摆放着魅影黑的皮沙发。灰蓝色的亚麻床品看上去轻盈而舒适，这和窗外广阔蔚蓝的水面形成了良好的呼应。

珊瑚金色，跨越夕阳的彩虹桥

沉稳的珊瑚金色既有奢华的气质，又有低调冷静的特点。它很容易让人联想到夕阳西下，淡淡的霞光中那一抹明亮的金黄，宛若天边延伸到人世间的彩虹桥，连接着美好与希望。

CMYK

C:19 M:59 Y:66 K:0

C:21 M:31 Y:42 K:0

C:56 M:73 Y:78 K:22

C:6 M:5 Y:5 K:0

C:20 M:37 Y:71 K:0

搭配配比

珊瑚金色 OG 2-04

米褐色 BN 3-01

玳瑁色 BN 5-02

亮白色 GY 1-01

赭黄色 YL 3-05

解析： 珊瑚金色作为墙面背景色，给空间带来了极其优雅的气质。在米褐色的地毯上，摆放着古典的玳瑁色家具。提升空间艺术气质的物品中，挂画是非常重要的，赭黄色的现代艺术挂画成为空间的焦点，同时点缀的绿植也让空间充满活力。

活力橙，西部的日出

活力橙拥有艳丽张扬的性格，是经典时尚的标签，有着永恒不变的奢侈品位。活力橙是醉人的龙舌兰兑入大量鲜橙汁调配出的色彩，从黄色逐渐变红，映照出日出的景色。而高挑的香槟杯赋予了它优雅的气质，晃动的酒光洋溢着清纯的阳光气息。

CMYK

C:0 M:71 Y:81 K:0

C:6 M:5 Y:5 K:0

C:22 M:13 Y:17 K:0

C:13 M:59 Y:31 K:0

C:15 M:49 Y:78 K:0

搭配配比

活力橙 OG 3- 01

亮白色 GY 1- 01

雾色 GY 1- 02

草莓冰 PK 1- 04

奶油糖果色 OG 1- 03

解析：以明亮鲜艳的活力橙作为背景色，不仅给空间带来了温暖，还带来了活泼与时尚。它不仅是塑造古典风格的利器，还是打造现代时尚感的法宝。在这个空间中，除了使用活力橙作为背景色，用亮白色作为过渡色，粉嫩的草莓冰也起到了很好的点缀作用。

镉橘黄，晚秋的柿子

镉橘黄在橙色中是一种充满甜蜜和快乐的色彩，它让人想起深秋之后，繁华落尽的林间，一簇簇的柿子缀满枝丫，以鲜亮的橙色点亮萧瑟的山野，也激活了舌尖上那一口香甜的回忆。镉橘黄用于家居中，具有强烈的戏剧化色彩，赋予空间浓郁的怀旧气息。一抹镉橘黄，柔了岁月，暖了时光。

搭配配比	CMYK
镉橘黄 OG 3- 02	C:4 M:55 Y:55 K:0
深灰褐色 BN 5- 04	C:62 M:65 Y:62 K:11
奶油色 YL 3- 01	C:7 M:14 Y:37 K:0
亮白色 GY 1- 01	C:6 M:5 Y:5 K:0
树梢绿 GN 5- 05	C:75 M:49 Y:96 K:10

解析：这是一个非常梦幻的书房空间。以柔和色调的镉橘黄作为墙壁颜色，搭配着美国新奥尔良画家乔治 · 杜劳（George Dureau）的绘画——它被陈列在特制的沙发上方。空间中的四个“法式中国风”书架，一个是古董，其他三个是仿制的，而中国风的柜子是 19 世纪的造型。深灰褐色搭配奶油色花卉的地毯则是由皮革镶边制成的。

南瓜色，麦田里的月光

丰收的麦田，沉重的麦穗，在夜晚的月光下，呈现出醇厚的南瓜色。这注定是丰收的色彩，是付出后得到回报的色彩。灰色调的南瓜色，鲜艳、柔和。它的用途十分广泛，既可以铺陈开来大面积使用，也可以蜻蜓点水，在空间中成为亮眼的陪衬。

搭配配比

色名	CMYK
月光色 BN 4- 05	C:30 M:33 Y:37 K:0
银色 GY 1- 03	C:46 M:37 Y:36 K:0
南瓜色 OG 3- 03	C:22 M:72 Y:82 K:0
亮白色 GY 1- 01	C:6 M:5 Y:5 K:0
胭脂粉 PK 2- 02	C:17 M:77 Y:18 K:0

解析： 月光色的墙纸，能够看到鲜明的质感，搭配银色的地毯，从而令空间具备了温馨舒适的基础色调，在这个基础上加入优雅而热情的南瓜色沙发和窗帘，以及墙壁上粉色的挂画点缀，使整体空间既有女性的魅力，又有中性的庄重。

火焰红，燃烧的六月

火焰红是橙色中最为鲜艳的色彩，色相红中带黄，既有古典贵族的优雅，也有现代都市的荣华。高明度的色泽，带来火热的感觉，像六月间熊熊燃烧的烈火。在家居配色中，它非常适合与黑白无彩色系进行搭配，既展现现代摩登感，又彰显优雅气质。

搭配配比

颜色	编号	CMYK
鹧鸪色	BN 4- 08	C:60 M:68 Y:74 K:20
亮白色	GY 1- 01	C:6 M:5 Y:5 K:0
火焰红	OG 3- 04	C:2 M:82 Y:82 K:0
魅影黑	GY 3- 05	C:81 M:74 Y:67 K:39
树梢绿	GN 5- 05	C:75 M:49 Y:96 K:10

解析：这是极其优雅的餐厅设计，鹧鸪色的墙纸是一大亮点，而墙纸上橙色的图案恰恰与窗帘的火焰红相呼应，使整体空间显得古典而优雅，并充满尊贵的气息。亮白色在空间中起到了很好的缓冲作用，加以树梢绿的植物点缀，为空间带来新鲜明亮的感觉。

探戈橘色，帕里亚的缪斯女神

活力充沛的探戈橘色，犹如柑橘般沁人心脾，清新又欢快。它像一团温暖的火焰，醒目却不刺眼。它是帕里亚舞者摇曳的裙摆，仿佛跳动的火焰，点燃了缪斯女神的热情。这款绚丽的颜色鲜亮可人，在家居中可以作为点缀使用，给空间带来热情的气息。当然，大面积使用也会带来意外的惊喜。

CMYK

C:12 M:84 Y:83 K:0

C:18 M:19 Y:26 K:0

C:56 M:73 Y:78 K:22

C:6 M:5 Y:5 K:0

C:75 M:49 Y:96 K:10

解析： 本案例利用探戈橘色热情时尚的特点来展示空间的独特个性。墙面的装饰色和窗帘融为一色，与天花板的交界处采用灯带，突出层次感。古典的家具陈设，让这种张扬的色彩重现古典贵族的荣光，再以一些现代的抽象画作为点缀，从而赋予空间一定的时代气息。

Home Color Design

YELLOW

4. 黄色系

黄色总是让人印象深刻，与我们生活的环境息息相关。它是黄土高原上的千沟万壑，也是日夜奔腾不息的黄河水。它曾代表过至高无上的皇权，也是秋日凄风苦雨中零落一地的枯叶。黄色带给我们温暖的时光，童年夏日，它是穿过茂密枝叶的斑驳阳光。黄色还带给我们浪漫的回忆，在故乡田园的宁静与温馨之中，我们安然入睡。

嫩黄色，沉入海中的夕阳

嫩黄色，在黄色系中显得非常低调。它浅淡宁静的样子，就像夕阳落在海水中被融化的模样，既有朦胧的光晕，又充满着阳光的气息。它柔和的色调还会让人想到烤箱中马卡龙清新透亮的色彩，带着清香的味道和微甜的期许，给人们留下足以令想象泛滥的空间。

搭配配比

色名	CMYK
嫩黄色 YL 1-01	C:11 M:4 Y:38 K:0
银色 GY 1-03	C:46 M:37 Y:36 K:0
古典绿 GN 1-06	C:84 M:53 Y:62 K:8
南瓜色 OG 3-03	C:22 M:72 Y:82 K:0
亮白色 GY 1-01	C:6 M:5 Y:5 K:0

解析：嫩黄色温暖却不扎眼的色调非常适合卧室。本案例中的卧室便以它为底色，搭配苦巧克力色的四柱床和古典绿印花窗帘，打造出一种优雅的田园格调。银色的地毯上搭配简单的纯色家具，营造出宁静而温馨的氛围，靠窗摆放的南瓜色单人沙发则提升了房间的格调。

黄奶油色，向日葵的微笑

在黄色系中，黄奶油色并不是最闪耀的，也不是最低调的，但它却是最能唤醒我们对阳光记忆的一种色彩。金灿灿的麦田，秋日的桂花，满山坡的向日葵……洋溢着温暖气息的黄奶油色，淡雅甜蜜，它以清新的姿态脱颖而出，成为新一季的流行趋势。

搭配配比

色彩	CMYK
黄奶油色 YL 1- 03	C:11 M:15 Y:65 K:0
纳瓦霍黄色 YL 4- 05	C:8 M:13 Y:25 K:0
亮白色 GY 1- 01	C:6 M:5 Y:5 K:0
绿洲色 GN 7- 03	C:44 M:32 Y:83 K:0
海蓝色 BU 4- 01	C:43 M:14 Y:14 K:0

解析：在这间优雅的客厅中，黄奶油色模糊了空间的界限，一切变得柔和细腻。纳瓦霍黄色的几何图案地毯为房间奠定了欢快的基调。花卉窗帘、簇绒沙发和大量的瓷器装点着空间，带来田园味道和恬适风情。

毛茛花黄，圣安索尼的福音

毛茛花黄，顾名思义，它是来自于毛茛花的色彩。每年春天，当毛茛花绽放的时候，你可以看到自然界最为纯正的黄色，娇嫩欲滴。它还是 13 世纪的法兰西修士圣安索尼之花，人们以此来纪念他的谦恭、温和，以及受人尊敬的品德。这款明亮纯洁、散发着勃勃生机的黄色，用来做居室装饰色彩以提升空间气质，是非常不错的选择。

CMYK

- C:8 M:11 Y:80 K:0
- C:95 M:74 Y:33 K:0
- C:38 M:47 Y:60 K:0
- C:11 M:15 Y:65 K:0
- C:0 M:71 Y:81 K:0

搭配配比

- 毛茛花黄 YL 1- 04
- 深海蓝 BU 2- 07
- 冰咖啡色 BN 3- 04
- 黄奶油色 YL 1- 03
- 活力橙 OG 3- 01

解析： 客厅墙面使用了明亮的毛茛花黄作为背景色，而为了保持明暗和冷暖的协调，地毯采用了深海蓝色，大地色调的冰咖啡色沙发摆放在上面，并且用活力橙色的靠包加以点缀。黄奶油色的挂画丰富了背景墙的设计，增添了些许趣味。

白鹭色，西塞山前的记忆

白鹭色是一首精巧的诗，它是西塞山前飘然而去的倩影，掠过柳树枝头的黄鹂；它还是西湖岸上乱莺红树间，夕阳孤吊的沉思。人们向往它的洁白无瑕，感叹它的孤芳自赏，也欣赏草长平湖白鹭飞的景致。白鹭色是家居中的基础色，洁白中透着淡淡的黄色，一丝温暖沁入人心。

CMYK

C:7 M:7 Y:13 K:0

C:30 M:33 Y:37 K:0

C:46 M:37 Y:36 K:0

C:29 M:12 Y:28 K:0

C:66 M:43 Y:30 K:0

搭配配比

白鹭色 YL 2- 01

月光色 BN 4- 05

银色 GY 1- 03

浅灰绿色 GN 4- 04

灰蓝色 BU 2- 05

解析：此空间具有非常高的天花板，采光良好。背景使用了具有浅黄色调的白鹭色，搭配了月光色的遮光帘，铺设银色的地毯，结合木制的天花板，整个空间被中性色环绕，体现了田园的气质。此外，浅灰绿色的床品以及灰蓝色的靠包为空间注入了一些灵动的色彩。

晚霞色，被夕阳浸染的白墙

晚霞色是夕阳下最温柔的一抹光亮，是影子的最后告别。它的柔和与平静，是对未来的自信，因为明天太阳还会照常升起。晚霞色不似金黄色的耀眼夺目，它柔和的光晕，令人感受到毛孔舒张的温柔，感受到久违的轻松惬意。温柔的晚霞色用在家居空间，适宜大面积使用，与冷色调相结合，效果更佳。

搭配配比

颜色	CMYK
晚霞色 YL 2- 02	C:6 M:7 Y:22 K:0
沙色 BN 2- 03	C:18 M:19 Y:26 K:0
火红色 RD 2- 02	C:22 M:96 Y:83 K:0
纯黑色 GY 1- 08	C:88 M:82 Y:76 K:64
奶油色 YL 3- 01	C:7 M:14 Y:37 K:0

解析： 晚霞色的温馨在这个案例中得到充分体现。客厅以晚霞色为基础色，搭配沙色地毯，陈设则以优雅的火红色为主，点缀了奶油色和纯黑色。整个空间以暖色调为主导，营造出温馨的氛围。时代的冲突和融合在空间中得到很好的统一，复古的家具搭配现代感十足的镜面家具，摩登时尚。

帝国黄，国宴上的珐琅彩瓷

一个时代的过去，并不意味结束，曾经高不可攀的帝国黄如今反倒成为复古潮牌领衔用色。它曾是宫廷的色彩，是权力和荣耀的象征。即便在如今，帝国黄依旧是时尚的贵客，它走出千年厚重的阴影，一身轻松地迎接着时尚的曙光，它甚至成为国宴上珐琅彩瓷的华贵色彩，惊艳了世界。

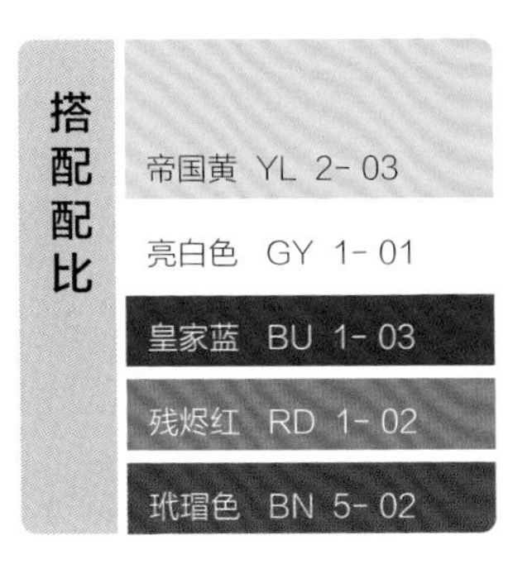

CMYK

C:10 M:20 Y:90 K:0

C:6 M:5 Y:5 K:0

C:86 M:82 Y:19 K:0

C:9 M:73 Y:59 K:0

C:56 M:73 Y:78 K:22

解析：这间餐厅受到花香的启发，使用高光帝国黄来覆盖空间，营造出阳光明媚的感觉，搭配皇家蓝窗帘，并选用了古色古香的家具和古董印花地毯，创造出别致、活泼且不拘一格的意象。

暗柠檬色，秋日下午茶

暗柠檬色的魅力，在于它似相聚行将结束时那种依依惜别的深情。它是夕阳下的街景，伴随着下午茶的飘香，在落日的余晖中，彼此洋溢着微笑。这是一款柔和的色彩，与世无争，同时又是一款深情凝望的色彩，将爱藏得那么深。

搭配配比

颜色	CMYK
暗柠檬色 YL 2- 04	C:16 M:21 Y:57 K:0
画眉鸟棕 BN 4- 03	C:51 M:62 Y:68 K:4
黄奶油色 YL 1- 03	C:11 M:15 Y:65 K:0
花蕾红 RD 4- 02	C:47 M:95 Y:61 K:6
亮白色 GY 1- 01	C:6 M:5 Y:5 K:0

解析： 充满复古情怀的卧室中，我们却看到了有趣的一面：在优雅的暗柠檬色卧室中，墙壁的转角处采用了中国风壁纸进行装饰，两款颜色色相相似，非常自然地融合在一起。室内摆放着古典家具，而设计师又加入了现代元素，两者既冲突又相互补充，发生了奇妙的“化学反应”。

玉米黄，丰收的喜悦

顾名思义，玉米黄离不开大地的滋养，离不开阳光的抚慰。在秋日一望无际的田野上，成熟的玉米以它特有的温柔的黄色，传达着丰收的喜悦。玉米黄有着独特的温柔气质，这气质中饱含了欢乐与愉悦，令人见之心喜，忘却烦恼，只一味地沉浸在这份快乐之中。

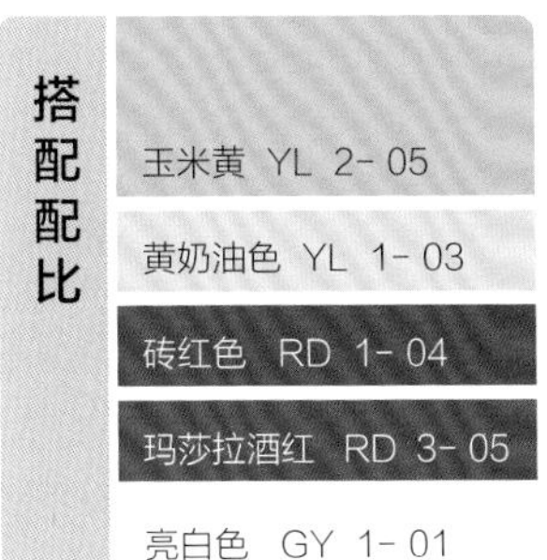

CMYK

C:15 M:27 Y:81 K:0

C:11 M:15 Y:65 K:0

C:44 M:79 Y:75 K:6

C:48 M:77 Y:64 K:6

C:6 M:5 Y:5 K:0

解析：本案例是一间设计得极其优雅的卧室，墙面背景采用了玉米黄色的中国风壁纸，优雅的花鸟图案，蕴涵了说不尽的东方故事。而床头两侧的装饰镜子充满了洛可可时代的印记，仿佛重现了法国宫廷的奢华生活。

古金色，酒神的流金岁月

古金色有着酒神狄俄倪索斯（Dionysus）的醉人魅力，充满自由奔放的气质，它散播着快乐，守护着果实。古金色既有黄色的温暖，又有金色的奢华，经常与古典时期的雕塑艺术和宏大建筑相连，让人为之惊叹。在自然界中，它还为许多花朵和果实着色，将花园装点成金灿灿的舞池。不管是在古典还是在现代家居中，古金色都以某种方式成为空间的性格塑造者。作为主宰色时，它引领尊贵气质；作为点缀色时，它脱颖而出，让人眼前一亮。在色彩低沉的空间中，它更能大放异彩，成为夜空中耀眼的星。

搭配配比		CMYK
古金色	YL 2- 06	C:10 M:32 Y:87 K:0
钢灰色	GY 1- 05	C:66 M:57 Y:51 K:3
魅影黑	GY 3- 05	C:81 M:74 Y:67 K:39
亮白色	GY 1- 01	C:6 M:5 Y:5 K:0
维多利亚蓝	BU 3- 03	C:90 M:65 Y:13 K:0

解析： 整个卧室空间的配色奢华而富有意趣。以华丽的古金色作为背景色装饰墙面，加以中性色与几何纹样打造现代感十足的轻奢底蕴，悬挂同色窗帘，以黑白条纹镶边，强化优雅效果。床头板与沙发、茶几均选择黑色，配以黄奶油色及维多利亚蓝色点缀，灵秀的枫叶图案强烈地昭示着它的存在，并与白色床品形成鲜明对比，多层次的质感打造出轻松惬意的居住氛围。

奶油色，少女时代的梦

如丝绸般柔滑细腻的奶油色，是家居中常用的色彩。温润淡雅的色泽中带着马卡龙的甜蜜梦幻，仿佛少女时代的梦境，朦胧而充满诗意。奶油色还具有内敛的气质，将自身光芒藏匿于各种点缀之间，于无声处绽放自己，一一刻画每一个细节。

CMYK

C:7 M:14 Y:37 K:0

C:56 M:73 Y:78 K:22

C:21 M:42 Y:57 K:0

C:6 M:5 Y:5 K:0

C:75 M:49 Y:96 K:10

搭配配比

奶油色 YL 3- 01

玳瑁色 BN 5- 02

黏土色 BN 3- 02

亮白色 GY 1- 01

树梢绿 GN 5- 05

解析： 亮白色的加入冲淡了满目奶油色形成的逼仄感，使空间的轮廓更加明显，空间的触感也更加柔和。亮白色的纯粹映衬着奶油色的淡雅，如同那清凉诱人的冰淇淋，每一个方寸之间都是腻人的甜蜜气息。

含羞草花黄，幸福的金丝雀

这是一款极其幸福的颜色，如它的名字一样充满少女的娇羞。它是月光下流淌的丝绸，闪耀着金色的光泽；它是芙蓉国里的金丝雀，灵动的身影常常消失在婉转的歌声里。一丛丛含羞草迎风摇曳，星星点点，装饰着蔚蓝的天空和少女的梦。

搭配配比

色彩	CMYK
含羞草花黄 YL 3-04	C:11 M:30 Y:74 K:0
亮白色 GY 1-01	C:6 M:5 Y:5 K:0
蒸汽灰 GY 5-03	C:13 M:9 Y:13 K:0
灰绿色 GN 5-04	C:43 M:24 Y:46 K:0
景泰蓝 BU 4-03	C:82 M:43 Y:14 K:0

解析：空间背景色使用了含羞草花黄，搭配着亮白色的护墙板，这种经典的搭配，给了空间更多种色彩组合的可能。灰绿色的座椅和景泰蓝的装饰点缀，并没有彼此争抢，而是恰到好处地融合在一起，将现代艺术和自然情怀很好地联系起来。

蜂蜜色，旧宫飞燕

蜂蜜色是现代家居中常用的色彩，它看上去充满高贵的气质，而使用得又如此普遍，让人有种“旧时王谢堂前燕，飞入寻常百姓家”的感叹。蜂蜜色有着金属色的光泽，带来时尚现代感，它还有宝石般的莹润质地，可用于烘托空间的奢华氛围。它用于家居中，可以起到很好的铺陈效果，也可以制造惊艳的视觉焦点。

CMYK

- C:34 M:46 Y:87 K:0
- C:13 M:15 Y:53 K:0
- C:38 M:47 Y:60 K:0
- C:84 M:67 Y:28 K:0
- C:82 M:58 Y:73 K:22

搭配配比

- 蜂蜜色 YL 3- 06
- 奶黄色 YL 1- 05
- 冰咖啡色 BN 3- 04
- 代尔夫特蓝 BU 2- 06
- 墨绿色 GN 3- 03

解析： 浪漫的“法式中国风”墙纸结合蜂蜜色的金属基调，让餐厅焕发华贵光彩。墙纸上的代尔夫特蓝与墨绿色图案，可以产生更加自然、亲切的“化学作用”。地面铺上以奶黄色为主、蓝红撞色点缀的印花地毯，增添了空间的温馨豪华感。

阳光色，豆蔻年华

娇柔温和的阳光色，发出淡淡的光，明媚却不耀眼。它是新生的气象，是冉冉的朝阳，也是令人羡慕的豆蔻年华。那时阳光明媚，空气中散发着香甜的气息，一片云飘过，带来一丝忧伤，而云开了，阴霾也就散了。

CMYK

C:9 M:17 Y:41 K:0

C:28 M:36 Y:44 K:0

C:40 M:58 Y:74 K:1

C:26 M:17 Y:18 K:0

C:81 M:74 Y:67 K:39

解析： 客厅墙壁采用了温柔的阳光色进行装饰，而墙壁上悬挂的艺术品，是由极简主义和流行风格的精美作品组成的，虽不对称，却布置得相当平衡。中世纪的咖啡桌，镀金的支架落地灯和一对现代主义扶手椅安置在古巴砂色的剑麻地毯上，整体空间温馨而明亮。

金色，田野的麦浪

金色是神圣的色彩，不仅仅因为它代表了财富、权力和尊严，还因为它是夕阳西下的万丈霞光，深秋雨后散落一地的叶子，晴空下随风起伏的无边麦浪。它充满了雄浑的力量，洋溢着丰收的喜悦。它属于那些满怀希望的人，也属于那些充满“野心”的人，可以说这一色彩饱满的黄色调满含了人们对未来的期许。

CMYK

C:17 M:45 Y:84 K:0

C:6 M:5 Y:5 K:0

C:84 M:53 Y:62 K:8

C:17 M:77 Y:18 K:0

C:81 M:74 Y:67 K:39

解析： 作为儿童房，这是一个无可挑剔的案例。金色的墙纸上印着一个个童话寓言的经典场景，这大概是每个孩子在成长过程中都渴望遇到的。白色细条木板拼接的护墙板托起了“故事”，也带来了明亮而清透的感觉。绿色的窗幔和床头柜透出宁静的古典气息，带来安眠的舒适感。一些古典的配件——吊灯、落地灯、床头柜和圆润的黑色单人椅的搭配让空间散发出低调精致的气息。

黄水仙色，桃花源里的诗

它是遗失在沙漠中的夏日阳光，是桃花源里的诗歌，带着音乐和舞蹈的律动。它是植物中最古朴的色彩，唤起人们对田园的眷恋。黄水仙色是一种略微偏棕的金黄色，色泽柔和、舒适。它用于家居设计时，经常出现在地面或者木制家具的装饰上，给空间带来温馨和开朗的气息。

CMYK

C:29 M:48 Y:81 K:0

C:22 M:13 Y:17 K:0

C:88 M:82 Y:76 K:64

C:22 M:96 Y:83 K:0

C:6 M:5 Y:5 K:0

解析：这间古典情调的书房，墙面采用了黄水仙色进行装饰，深浅格子的暗纹充满了复古的气息。地毯采用雾色，搭配纯黑色的书桌和椅子，十分和谐，而火红色的木框、椅腿则十分引人瞩目，也让空间多了些许活泼的气息。

纳瓦霍黄色，枫桥渔火

纳瓦霍黄色是诗人枫桥夜泊时，渔船上的点点灯火，伴随着夜半的钟声，宁静而绵长。它淡淡的色调令人愉悦，使人放松。有它在的房间里，定能阳光明媚，让你沉浸在淡黄色空间的柔软温馨中，享受一片美好时光。

搭配配比	CMYK
纳瓦霍黄色 YL 4- 05	C:8 M:13 Y:25 K:0
摩洛哥蓝 BU 4- 05	C:91 M:70 Y:49 K:9
杏仁色 BN 3- 05	C:40 M:58 Y:74 K:1
亮白色 GY 1- 01	C:6 M:5 Y:5 K:0
魅影黑 GY 3- 05	C:81 M:74 Y:67 K:39

解析：一处充满自然气息的客厅，采用纳瓦霍黄色作为空间背景色，并使用了同色系的窗帘。家具采用了自然材质，配以摩洛哥蓝色的软垫。黑色与白色在空间中成为点缀，没有浓烈的色彩，更多的是大地色调展现出的魅力。

Home Color Design | BROWN

5. 棕色系

棕色是大地的色调，是滋养万物生长的土壤的颜色。它拥有博大的胸怀，有孕育生命的力量。它可以低调到尘埃里，像漂浮的羽毛、凌乱的茅草；同样也可以尊贵显要，像琼楼玉宇、古董字画。棕色是古典的点睛之笔，让你走入历史，品味优雅；它还是时尚的引路人，让你站在潮头，开创未来。

百灵鸟色，摩洛哥头巾

在遥远的非洲沙漠，神奇的摩洛哥总能带给我们惊喜和启发。百灵鸟色是这里的经典色彩，就如摩洛哥人头上的围巾一样，随处可见。它具有张扬的色彩，绚丽的图案，质朴的材质以及浑然天成的设计。它似乎与风沙融合，与大地相伴，在浑厚当中体验生命的脉动。

CMYK

- C:36 M:41 Y:61 K:0
- C:55 M:44 Y:76 K:0
- C:26 M:17 Y:18 K:0
- C:39 M:8 Y:31 K:0
- C:11 M:78 Y:26 K:0

搭配配比

- 百灵鸟色 BN 2- 01
- 橄榄绿 GN 7- 04
- 冰川灰 GY 4- 01
- 鸟蛋绿 GN 2- 01
- 热粉红色 PK 1- 05

解析： 此案例在传统风格中加入新鲜元素，为空间增添更多的现代性。百灵鸟色背景与橄榄绿沙发搭配，使得大地色系铺陈出浓郁的自然生机。冰川灰墩椅和靠包为空间增添了优雅气质。精致的艺术装饰品渲染出知性韵味。

香薰色，波罗的海的香水盒

波罗的海的传说，从一条美人鱼的眼泪开启，她的眼泪化成了一块无与伦比的琥珀，藏在海洋的深处。后来，从波罗的海源源不断流出的香料经常被冠以琥珀的名字，藏在香薰色的盒子里。看到柔和的香薰色，仿佛可以嗅到那淡雅的清香。在家居设计中，香薰色成为打造优雅格调时不可或缺的色彩。

搭配配比	CMYK
香薰色 BN 2- 02	C:40 M:42 Y:55 K:0
冰川灰 GY 4- 01	C:26 M:17 Y:18 K:0
珊瑚粉 PK 1- 03	C:10 M:36 Y:14 K:0
蓝光色 BU 5- 03	C:59 M:1 Y:22 K:0
亮白色 GY 1- 01	C:6 M:5 Y:5 K:0

解析： 香薰色的背景设计，融合东方的花卉图案，彰显了惊人的东方魅力。作为基础色，中性色调的香薰色可以和许多颜色搭配使用。在这个空间里，它和柔和色调以及灰色调搭配使用，使得空间明暗对比强烈，其突出的柔和色调带来了优雅的女性魅力。

沙色，云沉山麓

沙色一直是家居设计的经典色彩，清淡如同漂浮在山岭中的浮云，泥土的色彩投射在它的身上，让它接上了人间烟火气。它是棕色系中最为浅淡的色彩，也是低调的王者，拥有着与灰褐色相同的色相与饱和度，但是，较高的明度使得它更加轻柔、活泼。

CMYK

C:18 M:19 Y:26 K:0

C:40 M:54 Y:60 K:0

C:32 M:91 Y:66 K:1

C:6 M:5 Y:5 K:0

C:88 M:82 Y:76 K:64

解析： 沙色作为空间背景色，使空间充满了温馨和宁静的感觉。而沙发的洛可可红，成为鲜艳的点缀色，让沉稳的空间变得灵动起来，也增添了优雅的女人味和知性感。

曙光银，夕阳下的小雪

曙光银的美妙，可以用素雅来形容，它既有古典的风韵，庄重而沉稳，又有洗尽铅华后的凝练，简约而时尚。它的色彩像夕阳下飘雪的世界，银装素裹里，有着余晖洒落的光晕和温度，这是一天中最美的晚景，寄托着尘世的相思。

搭配配比

色名	编号	CMYK
曙光银	BN 2- 04	C:29 M:26 Y:30 K:0
百合白	GY 5- 04	C:12 M:8 Y:12 K:0
罗甘莓色	PL 3- 05	C:75 M:78 Y:44 K:6
冰咖啡色	BN 3- 04	C:38 M:47 Y:60 K:0
蜂蜜色	YL 3- 06	C:34 M:46 Y:87 K:0

解析： 曙光银作为一种美妙的背景色，在暖色调正在流行的时代，它温暖而不张扬的特点为许多人所喜爱。在这个空间中，你可以感受到曙光银为空间带来的温馨和优雅气质，冰咖啡色的沙发与之形成呼应，罗甘莓色的沙发与背景色形成鲜明的对比，空间中加入的花卉布艺图案，丰富了视觉效果，而且在背景色的衬托下强化了自然的主题。

淡金色，敕勒川的黄昏

金色从来都是张扬而奢华的，但是淡金色却与之相反，它低调而柔和，有着脉脉温情和人间烟火味。它轻柔淡然的底色，让人想起茫茫草原上日落时的景象，没有刺眼的阳光和火辣辣的炙烤，天地间一片柔和的金色光辉，泽被万物，像一幅油画。

搭配配比		CMYK
	淡金色 BN 2- 05	C:33 M:43 Y:63 K:0
	画眉鸟棕 BN 4- 03	C:51 M:62 Y:68 K:4
	魅影黑 GY 3- 05	C:81 M:74 Y:67 K:39
	康乃馨粉 PK 2- 01	C:8 M:66 Y:12 K:0
	极光红 RD 2- 04	C:35 M:90 Y:76 K:1

解析： 这间卧室就像是一块在暖光的照耀下变得柔软的糖块，触到它柔软且富有光泽的淡金色表面，就像闻到了它所散发出的香甜气味。光线的变化在房间中创造出奇妙的阴影，给了主人任意发挥的自由。黑色的四柱床是深沉而富有品位的奢侈手笔，创造出写意氛围，康乃馨粉色的挂画，极光红的毯子以及蒂芙尼蓝的灯罩和花瓶，是留给梦的调味剂。

太妃糖色，缎带沙丘

太妃糖色是非常柔和、细腻的色彩，它是阳光下缎带般起伏的沙丘的颜色，是焦糖玛奇朵带来的甜蜜印记。它既没有巧克力色的浓厚，也没有月光色那么清冷，相比金色的辉煌光泽，它更显平和。太妃糖色最适合营造秋日色彩浓郁的生活空间，为你带来温馨甜蜜的幸福味道。

搭配配比

搭配配比	CMYK
太妃糖色 BN 2- 06	C:28 M:43 Y:64 K:0
亮白色 GY 1- 01	C:6 M:5 Y:5 K:0
画眉鸟棕 BN 4- 03	C:51 M:62 Y:68 K:4
金色 YL 4- 03	C:17 M:45 Y:84 K:0
纯黑色 GY 1- 08	C:88 M:82 Y:76 K:64

解析：这是一个比较少见的案例，太妃糖色作为墙面色彩被大面积使用，让人仿佛置身于甜蜜的糖果之中，醇厚而润滑。空间中没有使用更多的色彩，仅仅使用黑白色进行搭配，金属色在这里提升了空间品质，它与现代的家居饰品结合，带来了时尚与艺术感。

灰褐色，棕色系中的王者

灰褐色是棕色系中的王者，它的出现让家居具有了极强的品质感。它是海边被阳光温暖着的沙砾的颜色，看到它不禁让人想起家中褪色的老照片和飞鸟柔软的羽翼。灰褐色拥有淡雅的色调、温暖的氛围、素雅的气质，而它骨子里的高贵属性，使它只要稍加装饰，就能实现华丽的装饰效果，所以这是一款可以大胆使用的中性色。

CMYK

C:39 M:37 Y:41 K:0

C:26 M:17 Y:18 K:0

C:81 M:74 Y:67 K:39

C:17 M:45 Y:84 K:0

C:14 M:25 Y:8 K:0

解析： 温暖的灰褐色背景搭配冰川灰地毯，极为近似的饱和度赋予了空间安静祥和的气氛。动物纹单椅充满了时尚活泼的感觉，而淡丁香色的躺椅则为空间增添了一丝柔情。金色装饰镜与灰褐色的墙面背景极其般配，既装饰了墙面，也带去了奢华之感。

金棕色，落日下的天鹅湖

它是从杯中倾泻而出的啤酒，带着醇厚和浓郁的气息。夕阳西下，寂寞的天鹅湖上波光粼粼，它就是那天边碎落的彩霞。金棕色是张扬的色彩，也是节制的色彩，它在悦动升腾的时候，有种逐渐凝固的趋势，仿佛描绘在瓷器上的彩釉。

CMYK

C:7 M:7 Y:13 K:0

C:28 M:36 Y:44 K:0

C:50 M:63 Y:97 K:8

C:6 M:5 Y:5 K:0

C:12 M:84 Y:83 K:0

搭配配比

白鹭色 YL 2- 01

古巴砂色 BN 3- 03

金棕色 BN 2- 08

亮白色 GY 1- 01

探戈橘色 OG 3- 05

解析： 空间使用了极其浅淡的白鹭色作为墙面背景色，搭配了古巴砂色的窗帘。卧室中高大的床头板，采用了金棕色绒布做拉扣处理，古典而舒适，并且成为空间中醒目的焦点。探戈橘色的毛绒靠包则是跳跃的色彩，带来灵动的感觉。

米褐色，盛夏光年

米褐色是丛林雏鸟抖落鹅黄绒毛的一瞬间，是少女翩翩的裙摆摇曳着的盛夏时光，是水中皎月晕开的光圈，是月下美人眼中泛起的漪涟。它有着亚麻棉布的厚实触感，却显露出丝绸般的垂坠质感，无限的情怀伴随着它的影迹倾泻而出，悄然而至。

搭配配比	CMYK
米褐色 BN 3- 01	C:21 M:31 Y:42 K:0
亮白色 GY 1- 01	C:6 M:5 Y:5 K:0
芹菜色 GN 7- 02	C:30 M:14 Y:63 K:0
浅松石色 BU 6- 02	C:46 M:11 Y:25 K:0
淡丁香色 PK 3- 03	C:14 M:25 Y:8 K:0

解析： 如果有机会面朝大海，一定不要忘记使用米褐色来装饰空间。这间卧室有着宽阔的视野、充足的阳光，米褐色为它带来柔和的色泽和舒适的视觉效果。它和亮白色的地毯以及婴儿蓝的窗框构成一个基础的搭配。空间中装饰了芹菜色的窗帘和浅松石色的沙发座椅，而淡丁香色的靠包，成为一抹优雅的点睛之笔。

黏土色，大地吹过锦缎的风

黏土色是大地的色彩，是不加修饰的自然色调，从它身上你可以读到沧桑的历史和灿烂的文化。它是远古的陶器，泪水滴入泥土烧制成型；也是帝王陵墓中庄严的兵马俑，守护着曾经的信仰。它是泥土，不仅滋养着万物，也锻造着心灵。风吹过大地，抹去它坚硬的棱角，留下柔和的形态。

搭配配比

色名	编号	CMYK
黏土色	BN 3-02	C:21 M:42 Y:57 K:0
淡金色	BN 2-05	C:33 M:43 Y:63 K:0
亮白色	GY 1-01	C:6 M:5 Y:5 K:0
珊瑚色	RD 1-01	C:8 M:69 Y:53 K:0
魅影黑	GY 3-05	C:81 M:74 Y:67 K:39

解析： 使用柔和色调的黏土色作为墙面用色，整体感觉温馨舒适。地毯采用中性色调的淡金色。床和单椅采用了纯度较高的珊瑚色，醒目热情。单椅和床头的家具都采用了经典的艺术装饰风格（Art Deco）造型，你会发现，用现代的眼光看，它们依旧时尚摩登。

古巴砂色，荒原热土

古巴砂色泛着温暖的红晕，它是阳光下的砂土，交织着温润与细腻的触觉，架构着优雅与轻柔的质感。古巴砂色有着较低的明度与饱和度，带着大地色调独有的质朴与从容。它是家居世界的中流砥柱，有它存在的地方，从来不缺优雅的气质与触及内心的亲和感。

CMYK

C:28 M:36 Y:44 K:0

C:6 M:5 Y:5 K:0

C:81 M:40 Y:29 K:0

C:28 M:23 Y:27 K:0

C:43 M:24 Y:46 K:0

搭配配比

古巴砂色 BN 3- 03

亮白色 GY 1- 01

蓝鸟色 BU 5- 01

银白色 GY 2- 02

灰绿色 GN 5- 04

解析： 此案例中，以大地色调的古巴砂色作为卧室的基础色，搭配床头有趣的白云装饰，让人感觉仿佛置身在空旷的田野中。写意的地毯，似天空，又似海洋，蓝调与环境形成对比。淡淡的灰绿色在空间中成为点缀。

冰咖啡色，时尚常青藤

温暖细腻的冰咖啡色，常常令我们联想到泥土、礁石、树木。因此许多人都认为这是一款与时尚脱节的色彩，然而雅致的冰咖啡色可以说是时尚界的一株“常青藤”。从贵族绅士们的挚爱到奢侈品大牌的心头宠儿，它的百搭特性赋予了这个色彩更多的风华魅力。

搭配配比

搭配配比	CMYK
冰咖啡色 BN 3-04	C:38 M:47 Y:60 K:0
冰川灰 GY 4-01	C:26 M:17 Y:18 K:0
树梢绿 GN 5-05	C:75 M:49 Y:96 K:10
亮白色 GY 1-01	C:6 M:5 Y:5 K:0
含羞草花黄 YL 3-04	C:11 M:30 Y:74 K:0

解析： 卧室中冰咖啡色的暗纹壁纸与树梢绿的花卉图案窗帘搭配，就像是花草树木长于褐土中，色调衔接过渡得十分完美，为整个居室注入了自然的鲜活感，并且在灰白色调的铺陈下，将居家生活的舒适感缓缓释放出来。

杏仁色，柔滑锦缎

杏仁色是淑女纤腰下的蕾丝裙角，是微风拂过的朦胧面纱，也是半隐光线的阳伞。它像是被锦罗绸缎包裹着，如丝般柔滑，细致入微。它没有尖锐的棱角，只是圆润顺滑，在沁满花香的空气里，像那窗边被风轻抚的帘子，带来了无限的垂坠感。

CMYK

- C:66 M:57 Y:51 K:3
- C:40 M:58 Y:74 K:1
- C:75 M:49 Y:96 K:10
- C:6 M:5 Y:5 K:0
- C:81 M:74 Y:67 K:39

搭配配比

钢灰色	GY 1- 05
杏仁色	BN 3- 05
树梢绿	GN 5- 05
亮白色	GY 1- 01
魅影黑	GY 3- 05

解析： 当钢灰色邂逅杏仁色，两者非常自然地融合在一起，同样是木制，层次分明，冷暖得当。而黑色与白色的点缀显得十分醒目。当然，最后的绿植装饰必不可少，它为空间带来了轻松与活力。

小麦色，故乡的风景

小麦色是大自然中人们最熟悉的色调之一，是一种轻微烘烤过的浅褐色。它是人们进入工业文明前的色彩，是千百年来农业社会赖以生存的基础色。小麦色，充满安全感和满足感，因为它的存在，让生活在都市里的人们充满了对乡土的眷恋。

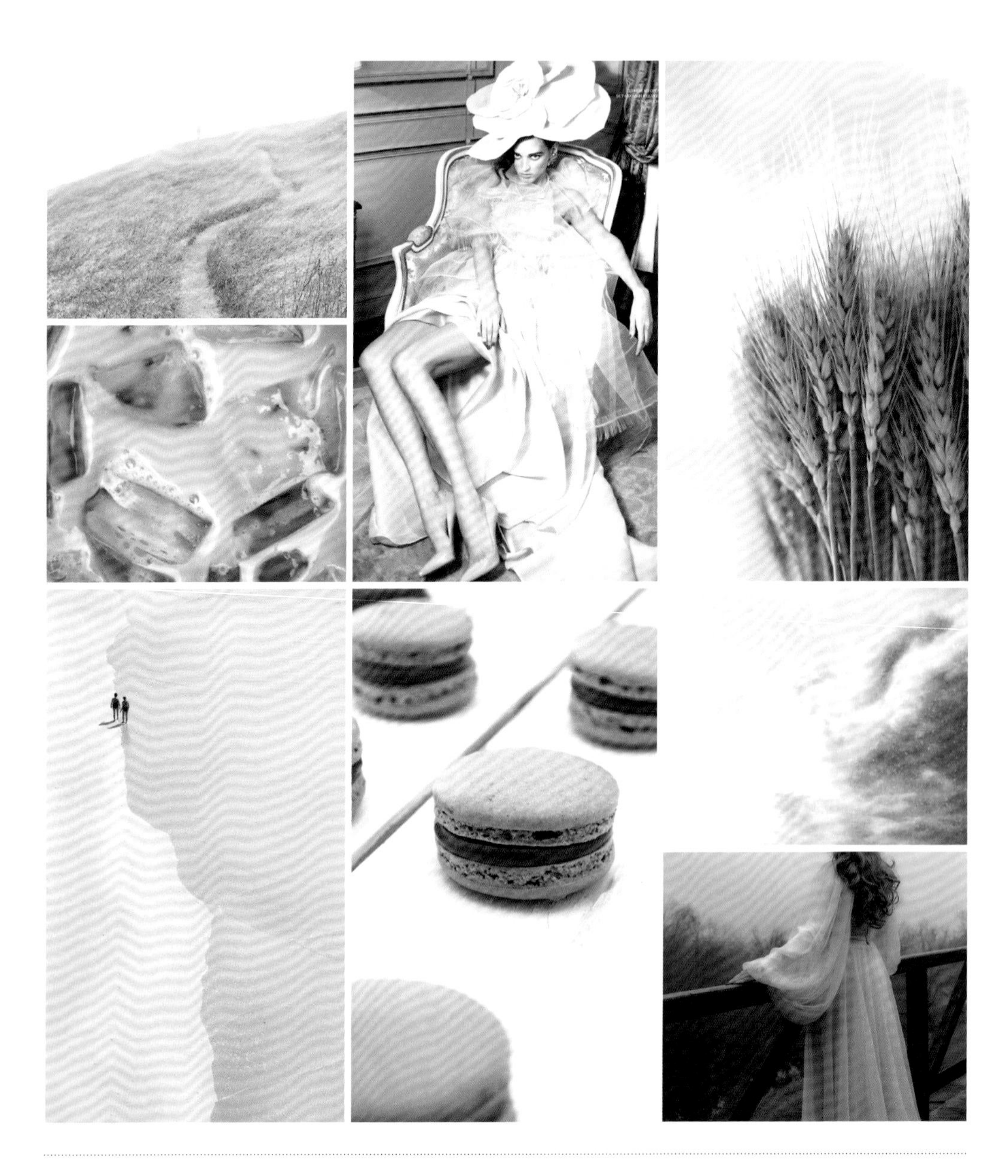

CMYK

C:14 M:25 Y:36 K:0

C:28 M:36 Y:44 K:0

C:48 M:72 Y:87 K:11

C:84 M:67 Y:28 K:0

C:6 M:5 Y:5 K:0

解析：卧室空间使用小麦色作为墙面的色彩，为空间带来温暖和阳光的感觉。搭配皮革棕的床具，使空间显得稳重和舒适。此外，卧室中从墙面装饰画、靠包到床尾凳，都采用了蓝白印花图案，除了清爽之外，还增添了优雅的生活气息，并且丰富了视觉感受。

驼色，黄昏中的丝绸之路

驼色是诞生于丝绸之路上的一抹苍凉的色彩，是漫漫黄沙中的希望。它天生带有一种朴实与坚韧的性格，从荒凉中而来，却回归沃土的芬芳。驼色走进家居世界，所营造出的是随性的生活，仿佛一杯清茶，值得细细品味。

CMYK

C:40 M:54 Y:60 K:0

C:26 M:17 Y:18 K:0

C:43 M:24 Y:46 K:0

C:30 M:14 Y:63 K:0

C:81 M:74 Y:67 K:39

解析： 稳重的驼色与活泼跳跃的绿色搭配，是大自然中最自然的色彩交融，呈现出生机与和谐之美，犹如清风吹过原野，呼吸之间满是清爽怡人的自然气息。再加上些许灰色和蓝色的调和，营造出高雅低调、清新自然的舒适感，值得你在家细细品味。

画眉鸟棕，寂静时光

画眉鸟羽毛的色彩，是悦动的精灵，与自然环境完美融合。它是林间树皮的褶皱，记录着沧桑岁月，延续着岁月静好。它是秋日的寂静时光，虽有微风轻抚，然而沉静如海。对于一些“吃货”来说，画眉鸟棕也意味着一杯浓醇的咖啡，一块入口即化的巧克力，此间美味，只可意会。

搭配配比

颜色	CMYK
画眉鸟棕 BN 4-03	C:51 M:62 Y:68 K:4
古巴砂色 BN 3-03	C:28 M:36 Y:44 K:0
亮白色 GY 1-01	C:6 M:5 Y:5 K:0
罗甘莓色 PL 3-05	C:75 M:78 Y:44 K:6
菠菜绿 GN 6-03	C:52 M:33 Y:82 K:0

解析： 画眉鸟棕与亮白色的组合是经典的搭配，在这个案例中，我们可以清晰地看到画眉鸟棕作为墙面色彩，醇厚浓郁，充满质感。而亮白色与之形成的色彩搭配，起到了烘托和破局的效果，线条清晰，舒缓了大面积棕色所带来的厚重感。选用菠菜绿和罗甘莓色，小面积的点缀起到了很好的装饰效果。

烤杏仁色，碧海沙洲

烤杏仁色既有顺滑的安逸，又有炙烤的焦灼。它休闲似碧海沙洲，从容不迫，虽然色泽如细沙，但没有绝望和苍凉感，相反，它是海岸边的风景线，是阳光下的百般温存。烤杏仁色用于家居中，可以带来温馨舒适的感觉，让你从紧张繁忙中解脱出来。

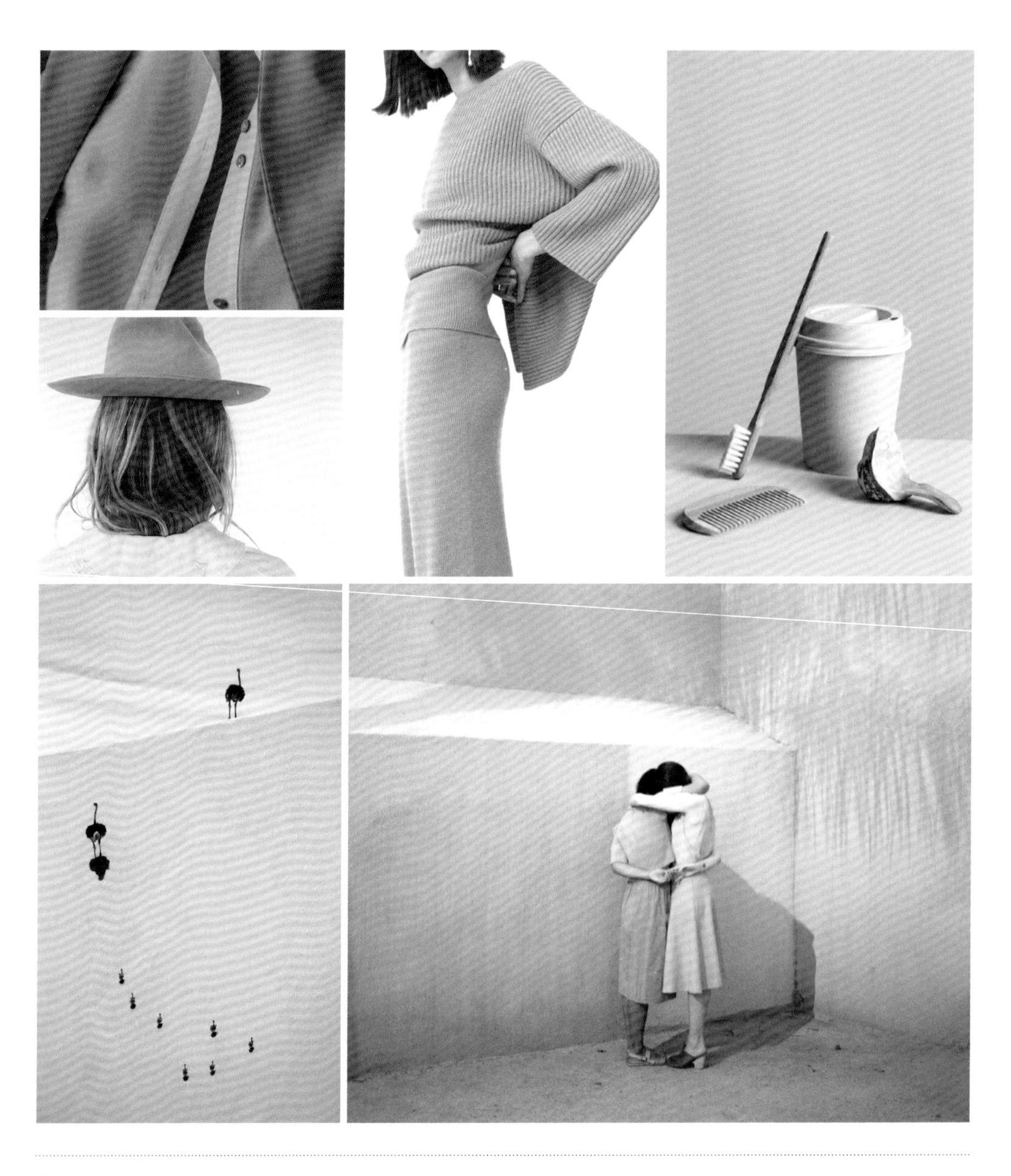

CMYK

C:6 M:5 Y:5 K:0

C:22 M:34 Y:38 K:0

C:12 M:8 Y:12 K:0

C:81 M:74 Y:67 K:39

C:34 M:46 Y:87 K:0

搭配配比

亮白色 GY 1- 01

烤杏仁色 BN 4- 04

百合白 GY 5- 04

魅影黑 GY 3- 05

蜂蜜色 YL 3- 06

解析： 对于浴室设计，我们常见的是黑白配色，利用黑白瓷砖或大理石材料，结合金属配件形成常规的三种基础色。在这个案例中，烤杏仁色被用在浴室的窗帘上，为清冷的浴室空间带来了温暖的色调。

鹧鸪色，山谷里的回声

鹧鸪多产于南方，它们的叫声悲婉凄切，常常唤起人们的离愁别绪和诉说不尽的乡愁。鹧鸪色是来自于鹧鸪羽毛的色彩，是温暖的大地色调，质朴醇厚，不假修饰。它非常适合用于家居配色，浓郁的自然气息，仿佛泥土、岩石，带你脱离城市的喧嚣，置身于宁静的山谷，静听花开的声音。

搭配配比

颜色	CMYK
鹧鸪色 BN 4-08	C:60 M:68 Y:74 K:20
暗粉色 PK 4-03	C:14 M:39 Y:35 K:0
亮白色 GY 1-01	C:6 M:5 Y:5 K:0
黄昏蓝 BU 3-02	C:56 M:31 Y:18 K:0
古金色 YL 2-06	C:10 M:32 Y:87 K:0

解析： 鹧鸪色敦厚而富于质感，像是在雪地上展翅飞翔的鸟儿。在这间卧室中，鹧鸪色的墙面上伸展着白色的枝叶，活泼而雅致，带给人温暖的同时，又散发着生机勃勃的精致。暗粉色的床像是盘踞在其中的一朵花，甜蜜柔软。

巧克力棕，布鲁日的甜点

布鲁日的甜点，绝不能错过迷人的巧克力。它在视觉上浓郁而厚重，但入口细品时的感受却是细腻顺滑，仿佛甜蜜在慢慢融化，直达心底。巧克力棕的世界是艺术化的殿堂，任何充满想象力和创造力的设计都可以在这个世界里纵情挥洒。

搭配配比

色彩	CMYK
亮白色 GY 1-01	C:6 M:5 Y:5 K:0
姜饼色 BN 4-06	C:50 M:53 Y:56 K:1
巧克力棕 BN 4-09	C:71 M:73 Y:75 K:43
赭黄色 YL 3-05	C:20 M:37 Y:71 K:0
干草色 GN 7-05	C:57 M:48 Y:69 K:1

解析：这是一个棕色系相近色的色彩组合。在亮白色的背景下，中性色调的月光色窗帘搭配灰色调的姜饼色地毯，而暗色调的巧克力棕作为床头背景的屏风色彩，上面古典的东方图案成为空间焦点。赭黄色靠包成为点缀，起到提亮空间的效果。

绮美芬芳玳瑁色

玳瑁色来自海洋，却有着大地色调的特征。它厚重的色彩，斑斓的图案，温润的质地，都堪比大地的宝石。一直以来它都是祥瑞的象征，也是奢华生活的代名词，“玳瑁筵中怀里醉，芙蓉帐底奈君何”。夜宴豪饮，快意人生，都凝结在了这玳瑁色的灵魂中。

CMYK

C:56 M:73 Y:78 K:22

C:31 M:28 Y:5 K:0

C:91 M:63 Y:39 K:1

C:6 M:5 Y:5 K:0

C:34 M:46 Y:87 K:0

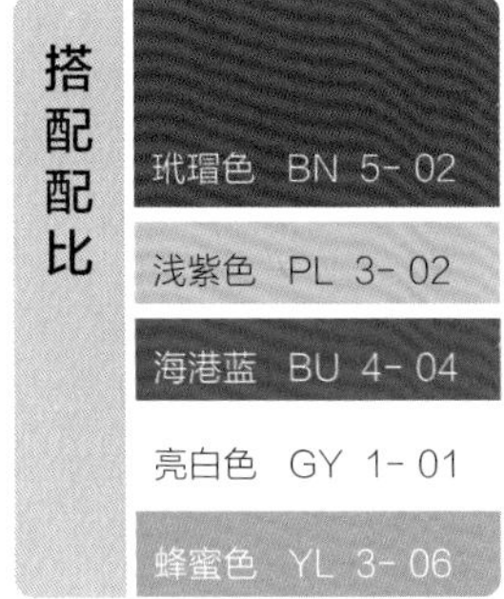

解析： 一个万花筒般的空间，各种颜色交相辉映，有些目不暇接。但是仔细分析，其实各种颜色浓淡轻重恰到好处。在一个看上去色彩跳跃的空间里，使用了大地色调的玳瑁色，厚重而沉稳。它的大面积的使用，使得环境需要跳跃的元素来补充，于是沙发使用了浅紫色，而办公桌使用了海港蓝，都是相对柔和的颜色，明亮的金色、黄色则适合小面积使用。

灰泥色，茅草砌成的屋顶

灰泥色，于沉静中带入一丝动感。它有瓷器般温润的色泽，让人渴望去触碰；它也有泥土的质朴，带来沉静与平稳的力量。它是点缀在田野间小屋所使用的茅草，在阳光下闪耀着乡土的光芒，伴随着屋顶飘荡的袅袅炊烟，带你走入田园牧歌的画面中去。

CMYK

C:43 M:47 Y:47 K:0

C:18 M:19 Y:26 K:0

C:46 M:11 Y:25 K:0

C:81 M:74 Y:67 K:39

C:9 M:29 Y:86 K:0

解析： 在客厅里，几乎整面墙都是定制的大壁橱。它由两个主要部分组成：一个带有电视的空间和围绕它的棕色调架子。黑色正方形均匀且稳定，而外部的一部分隔板采用对角放置，以便在动态和静态之间建立平衡。墙面使用了质感粗糙的灰泥色，呼应明亮光滑的小苍兰黄的储物柜。

深灰褐色，野火焚后的土地

它是肥沃土地上展露的色彩，是野火焚烧后草木灰化作的养料。颜色厚重的土地上，将会生长起茂盛的草木，开出灿烂的花朵，飞翔奔跑着各种鸟兽。深灰褐色带着生生不息的温暖与惬意，张开宽阔的怀抱，成为孕育生命的摇篮。

CMYK

C:28 M:23 Y:27 K:0

C:62 M:65 Y:62 K:11

C:18 M:19 Y:26 K:0

C:66 M:57 Y:51 K:3

C:82 M:58 Y:73 K:22

解析：卧室采用银白色作为空间的背景色，搭配着沙色的地毯和床具，整体空间温馨而舒适。床头背景墙使用了深灰褐色的壁纸，图案非常有创意。钢灰色的单人沙发旁边摆放着墨绿色的盆栽，茂盛的绿植成为空间中的亮点。

栗色，暖暖的烤山芋

栗色是来自栗壳的颜色，在棕色中混合了紫色。它常让人想起食物，除了滚烫的板栗，还有那冬日里冒着热气、散发着丝丝甜香的烤山芋。栗色的经典，源自于它的沉稳厚重。这款接地气的颜色，却是绅士贵族的常用色彩，体现着傲岸与涵养。在家居配色中，它与白色搭配，有休闲雅致的感觉；与深蓝色结合，则尽显优雅气质。

CMYK

C:67 M:71 Y:71 K:31

C:6 M:5 Y:5 K:0

C:30 M:33 Y:37 K:0

C:29 M:26 Y:30 K:0

C:46 M:11 Y:25 K:0

搭配配比

栗色 BN 5- 05

亮白色 GY 1- 01

月光色 BN 4- 05

曙光银 BN 2- 04

浅松石色 BU 6- 02

解析： 栗色与亮白色搭配，形成鲜明的色彩对比，有效地缓解了栗色的厚重感，在沉稳大气中注入了活力，形成庄重素雅的氛围。在空间中还加入了一些过渡色，如曙光银，在保持整体优雅的基础上，为空间增添层次感。

安道尔棕，蟋蟀的吟唱

浓郁的安道尔棕——丰富的棕红色，它会让你想起儿时野地里吟唱的蟋蟀，欢快的声音响彻夏天。它还会让你想起少女的秀发，在夕阳下散发着朦胧的光晕。安道尔棕装饰的空间，就像是在灯下看美人，影影绰绰带着诗意的温柔与朦胧。这是一款不分性别的中性色彩，作为一枚“时尚精”，它值得在你的家中拥有一席之地。

搭配配比	CMYK
灰蓝色 BU 2- 05	C:66 M:43 Y:30 K:0
安道尔棕 BN 6- 02	C:62 M:80 Y:69 K:30
蓝紫色 PL 4- 02	C:55 M:42 Y:16 K:0
亮白色 GY 1- 01	C:6 M:5 Y:5 K:0
蜂蜜色 YL 3- 06	C:34 M:46 Y:87 K:0

解析： 充满古典情致的客厅，突出的不是奢华，而是精致。在以灰蓝色为背景的空间里，木门使用了优雅至极的安道尔棕。蓝紫色的沙发搭配亮白色的挂画，而蜂蜜色出现在金属配件上，为空间带来轻奢的气质。

苦巧克力色，月桂树下的琴声

浓厚的苦巧克力色，让人想起唇齿间遗留的甘甜味道。它是庄重的色彩，也是家居中的“定海神针”。它沉静的样子与世无争，而内心则充满了爱意，并缓缓地释放，仿佛阿波罗神在姿影绰约的月桂树下弹奏着竖琴，青春永驻，爱情不老。

搭配配比

色彩	CMYK
亮白色 GY 1- 01	C:6 M:5 Y:5 K:0
曙光银 BN 2- 04	C:29 M:26 Y:30 K:0
苦巧克力色 BN 6- 03	C:68 M:78 Y:71 K:38
蜂蜜色 YL 3- 06	C:34 M:46 Y:87 K:0
芹菜色 GN 7- 02	C:30 M:14 Y:63 K:0

解析： 案例中的墙面装饰非常有趣，既有常规的亮白色装饰，也有优雅的木制品装饰，而且还设计了两个壁橱，砖砌的样式充满了质感。曙光银的地毯轻柔舒适，而苦巧克力色的沙发在中性色的空间里显得格外醒目，依托材质，厚重的沙发变得温馨，背后白色墙面搭配黑色挂画，也和沙发形成了良好呼应。

Home Color Design

GREEN

6. 绿色系

绿色是生命的象征，是青春的印记，也是大地上一岁一枯荣的反复。它总让人联想到春天的时光，草长莺飞，百花盛开，燕子归来。绿色永远是律动的，任何停滞都与它无关，它总是日新月异，满怀期待。家居中的绿色是对自然的热爱，也是对生命的赞美。

湖水绿，四月的西湖

它是四月的西湖水，水光潋滟晴方好，一片晴朗的日光倾泻在湖面上。烟雨蒙蒙中，一艘乌篷船划开绿色冰魄般的湖面，它便这样徐徐跃出画面。蓝绿的色相，带给你的不是绿色常有的生机勃勃，而是吹弹可破的轻盈与纯净。

CMYK

C:90 M:54 Y:61 K:9

C:6 M:5 Y:5 K:0

C:32 M:91 Y:66 K:1

C:8 M:11 Y:80 K:0

C:84 M:67 Y:28 K:0

搭配配比

湖水绿 GN 1-02

亮白色 GY 1-01

洛可可红 RD 3-03

毛茛花黄 YL 1-04

代尔夫特蓝 BU 2-06

解析：这也许是最美的餐厅配色之一，当优雅宁静的湖水绿在亮白色的衬托下，邂逅同样优雅高贵的洛可可红时，它们碰撞出了精彩的艺术火花。现代的家居空间中充满了时代的智慧，例如浮雕屏风，带来雅致的感觉，同时也赋予了白色生命的魅力。

深青色，世界尽头的冷酷仙境

深青色是绿色中最深沉的颜色，既有漫无边际的浩瀚，又有卓尔不群的高冷。它营造了一个静谧的世界，仿佛世界尽头的冷酷仙境，那是一池平静的湖水，是一片让你向往的树林，林荫下是繁星般的小花。深青色不属于任何过往的岁月，它是唯一的，犹如恬淡的乡思，犹如童年的旧梦。它的世界沉静得超然出世，而又优雅得飘飘欲仙。

CMYK

- C:91 M:67 Y:63 K:25
- C:6 M:5 Y:5 K:0
- C:32 M:98 Y:80 K:1
- C:48 M:72 Y:87 K:11
- C:56 M:47 Y:41 K:0

解析： 这是一处西班牙风格的室内空间。空间大面积使用了深青色，优雅而庄重，沉静的背景色让人感觉凉爽和深邃。在此背景下，搭配了充满民族风格的中国红地毯和鲨鱼灰色的靠包进行调剂，增添了空间的温暖色调，也强化了装饰的丰富性。

绿松石色，所罗门王的戒指

神秘的绿松石，宁静如一汪春水，娇艳欲滴，它是戒指上的装饰，让王者为之着迷。绿松石虽浅淡，却在平静的色彩中孕育着源源不断的生命活力，如流动的泉水滋润着土地。在家居中，绿松石色既可以大面积使用，以安抚躁动的心，又可以作为点缀，含蓄如少女，娇羞如昙花。

搭配配比

色彩	CMYK
绿松石色 GN 1- 04	C:68 M:8 Y:41 K:0
亮白色 GY 1- 01	C:6 M:5 Y:5 K:0
棉花糖色 GY 2- 01	C:8 M:7 Y:13 K:0
草莓冰 PK 1- 04	C:13 M:59 Y:31 K:0
湖水绿 GN 1- 02	C:90 M:54 Y:61 K:9

解析： 绿松石色营造的空间简约而不失梦幻，质朴中却饱含精致。这个家居案例通过精致的色彩搭配，让原本普通的居室变得鲜活起来。绿松石色与粉红色调搭配，就像一个绚丽的珠宝盒加上充满质感的毛绒布艺，让空间蓬松起来，风铃一般的吊灯浪漫唯美，白色的简约木质茶几营造出浓浓的度假氛围。

古典绿，天池的水

美妙的古典绿，是绿色系中深沉优雅的色彩。正如它的名字，它有着与生俱来的古典气质，清澈得一尘不染，沉稳得波澜不惊，就如天池中的水，沉静得如同一块翡翠。将它用于家居搭配中时，可现代亦可古典，它是现代家居中的惊鸿一瞥，是古典家居中那缕不灭的灵魂。

CMYK

C:84 M:53 Y:62 K:8

C:6 M:5 Y:5 K:0

C:13 M:59 Y:31 K:0

C:18 M:19 Y:26 K:0

C:43 M:24 Y:46 K:0

搭配配比

古典绿 GN 1- 06

亮白色 GY 1- 01

草莓冰 PK 1- 04

沙色 BN 2- 03

灰绿色 GN 5- 04

解析： 大面积的古典绿在这间卧室中创造出一种奢华和宁静的感觉，但同时也具有流畅简洁的风格，雕塑般的质感与鲜明的色彩形成对比，漂白的木地板似乎带有北欧风格的特点，草莓冰的天鹅绒床是甜美的调味品，另外许多精心布置的点缀也完善了这个华丽的派对，比如床头弯曲的金属灯，壁炉上的烛台和动物画等。

万年青色的奢华魅力

万年青色需要和墨绿色相对比，你才会感受到它的魅力。两者都具有灰色调的特点，具有相同的明度、近似的色相，但是万年青色的饱和度要比墨绿色高一些，因此在视觉上万年青色比墨绿色更为鲜艳，它更适合庄重奢华的装饰风格。

CMYK

- C:88 M:55 Y:73 K:17
- C:6 M:5 Y:5 K:0
- C:67 M:78 Y:26 K:0
- C:34 M:46 Y:87 K:0
- C:79 M:48 Y:86 K:9

搭配配比

万年青色 GN 1- 07

亮白色 GY 1- 01

紫罗兰色 PL 2- 04

蜂蜜色 YL 3- 06

杜松子绿 GN 4- 05

解析：这个空间是现代与古典融合的设计，拥抱了孤独的奢华。置身其中，很容易受到感染，沉浸于自我爱怜的幻想中。房间设有一个紫罗兰色的爪足浴缸，一个定制的盥洗台。万年青色的墙壁和丰富的石材细节精致旖旎。引人瞩目的帝家丽（de Gournay）手绘壁纸是空间的主角。当代艺术始终与传统魅力相映成趣。

鸟蛋绿，雨后的翡翠葛

鸟蛋绿具有较高的明度和较低的饱和度，常让人联想到雨后的翡翠葛，晶莹剔透，惹人怜爱。在家居设计中，鸟蛋绿清新、阳光、自然的气质，非常适合现代以及北欧的装饰风格，同时也非常适用于儿童房的设计，带来轻松梦幻的效果。

搭配配比

色名	编号	CMYK
鸟蛋绿	GN 2- 01	C:39 M:8 Y:31 K:0
香薰色	BN 2- 02	C:40 M:42 Y:55 K:0
珊瑚金色	OG 2- 04	C:19 M:59 Y:66 K:0
亮白色	GY 1- 01	C:6 M:5 Y:5 K:0
杜松子绿	GN 4- 05	C:79 M:48 Y:86 K:9

解析： 淡淡的鸟蛋绿用其优雅清新的色调，为这个房间带来了一种烟雨蒙蒙的氛围，就像雨后的天空，充满诗意。印有动物图案的织物装饰着木制沙发床，散发出唯美的田园气息。毛绒抱枕和粗针织毯子表现出柔软的关怀和慵懒放松的心情。几何图案的地毯与木制桌椅搭配，引入现代简约气质，各种趣味装饰布满房间，陪伴着孩子的成长。

薄荷绿，遥远的夏日记忆

薄荷绿是夏日里的一缕清凉，是甜美秀气的小家碧玉，是口中薄荷糖留下的丝丝清香，是心灵深处的一抹绿洲。它总是带给人一种青春的回忆，一种朦胧的伤感，但又饱含幸福的微笑。

CMYK

C:54 M:0 Y:38 K:0

C:39 M:37 Y:41 K:0

C:6 M:5 Y:5 K:0

C:13 M:9 Y:13 K:0

C:10 M:36 Y:14 K:0

搭配配比

薄荷绿	GN 2- 02
灰褐色	BN 2- 07
亮白色	GY 1- 01
蒸汽灰	GY 5- 03
珊瑚粉	PK 1- 03

解析：薄荷绿是介于蓝色与绿色之间的柔和色调，非常适合打造既凉爽又温馨的家居氛围。这个案例中，薄荷绿搭配灰褐色是最佳的选择，发白发暖的蒸汽灰让薄荷绿的空间显得素雅沉静。而家具选用了线条优美、造型简约的欧式家具，进一步烘托素雅氛围。

祖母绿，桃乐丝的翡翠城堡

它曾是皇冠上的宝石，璀璨夺目，也曾是诗人笔下的浪漫风景，静谧无瑕。它是童话里的魔法世界，神奇多变，让人着迷。祖母绿是实现奢华梦想的最佳色彩，既可以再现宫廷的高冷奢华，也可以融入田园的浪漫自然，还可以变身现代的摩登时尚。在祖母绿的世界里，每个人都可以拥有自己的翡翠城堡。

CMYK

C:80 M:23 Y:65 K:0

C:6 M:5 Y:5 K:0

C:81 M:74 Y:67 K:39

C:24 M:44 Y:68 K:0

C:51 M:45 Y:45 K:0

解析： 当你的书房使用祖母绿作为背景色时，注定会使它变得与众不同，这样的背景色通透而明亮，内部装饰现代又不失优雅气质。祖母绿最适合与亮白色搭配，两者互为衬托，为空间带来清爽的视觉效果。

墨绿色的森林魔法

墨绿色，从东方山水写意而来，更是神秘未知、令人心生向往的魔法世界。它是一个无法被轻易超越的颜色，优雅复古，稳重大气，细细品味一番，仿佛在诉说着自己的态度：从不迎合，卓尔不群。不管是盛夏还是严冬，它都会让人切切实实地感受到生命的活力。

CMYK

C:82 M:58 Y:73 K:22

C:6 M:5 Y:5 K:0

C:71 M:73 Y:75 K:43

C:75 M:49 Y:96 K:10

C:46 M:37 Y:36 K:0

搭配配比

墨绿色 GN 3-03

亮白色 GY 1-01

巧克力棕 BN 4-09

树梢绿 GN 5-05

银色 GY 1-03

解析： 客厅空间没有太奢华的设计，一切都显得很朴实无华，但是细节处理得很好。首先采用了墨绿色与亮白色的配色，从而使人进入到一个清凉而自然的环境中；其次空间着重突出了舒适感，从地毯、沙发以及装饰来看，都体现出这一特点。

英伦凯利绿，繁花归瑾年

源自英伦的凯利绿，起源于爱尔兰的常见人名“凯利”。极高的饱和度、醒目又纯粹的特质使其注定是一款独一无二的超凡色彩。它比祖母绿多了一点明艳，少了一些忧郁，其富含生机的色调可与红色共同完成一支完美的圣诞恋曲。从荡漾的碧波到闪光的丝绸，凯利绿的光华洒遍山野，摇曳在儿时生动分明的记忆中。

CMYK

- C:79 M:19 Y:80 K:0
- C:29 M:48 Y:81 K:0
- C:28 M:36 Y:44 K:0
- C:15 M:27 Y:81 K:0
- C:47 M:86 Y:78 K:13

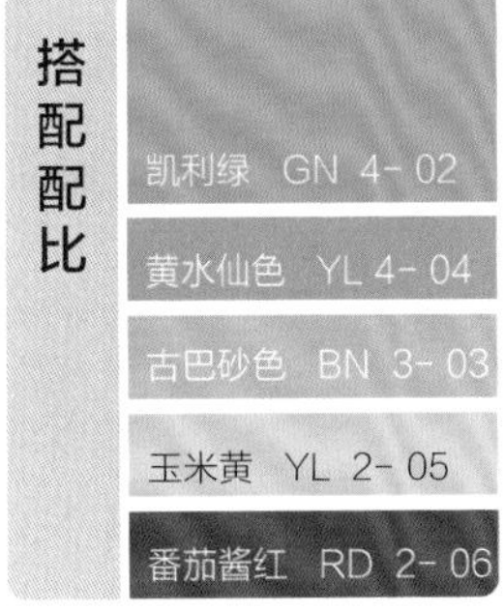

解析： 空间大面积地使用了凯利绿作为背景色，这仿佛更加突出了主人的个人喜好，在传统家具的衬托下，我们可以看出房屋主人对于古典英伦风的痴迷。当然，这样醒目的背景色往往出现在特定地域文化的空间中，它带给我们的是另一番怦然心动的审美体验。

经典绿，踏上季节之旅

经典绿是春日的青草，夏日的荷花，秋天的池塘，冬天的白桦林。它明亮但不躁动，它有着深绿色的沉寂和淡漠，也有着淡绿色的潇洒和随意。经典绿是充满希望的色彩，在家居中注入自然的气息，伴随着光线与气候的变化，它可以呈现出四季的交替。

搭配配比

色名	CMYK
经典绿 GN 4- 03	C:73 M:6 Y:95 K:0
月光色 BN 4- 05	C:30 M:33 Y:37 K:0
雾色 GY 1- 02	C:22 M:13 Y:17 K:0
太妃糖色 BN 2- 06	C:28 M:43 Y:64 K:0
代尔夫特蓝 BU 2- 06	C:84 M:67 Y:28 K:0

解析：过于明亮的色彩一般不适合在卧室中使用，但只要注意采光、氛围和颜色的调配，便可以打造珠宝盒一般的效果。这间卧室中，经典绿的光亮漆面墙是一个华丽的背景，印花和麻编窗帘起到了对光和氛围的把控作用，让阴影在这种明亮的颜色中回旋。窗边的天鹅绒沙发上还放着与窗帘布料同款的抱枕。在装饰方面，既有现代风格的抽象画，也有古典鸟笼、青花瓷盘和雕塑装饰，显示了主人对于文化多样性的包容和丰富的趣味。

浅灰绿色，寂寞沙洲冷

浅灰绿色是晨光熹微中的一层薄雾，为沙洲笼上清冷的面纱。它是麋鹿在林间寂寞的身影，唤醒沉睡的时光记忆。这款颜色清浅淡雅，柔和纯粹，它有着春日绿色的和煦，同时凝固了一丝灰色的优雅。它是可以带来初春愉悦的色彩，用于家居中，给人温婉平和的感觉。

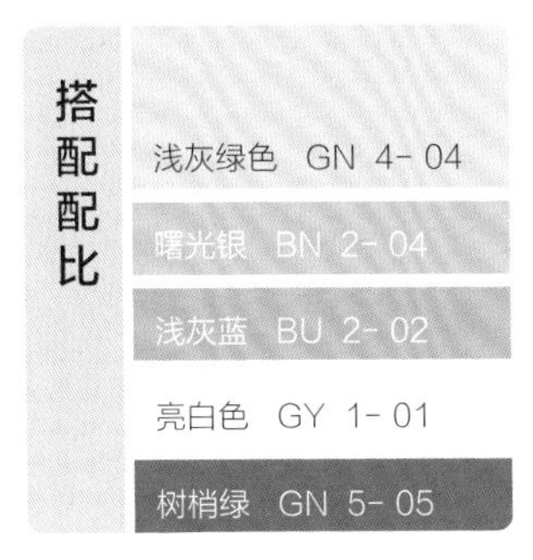

CMYK

C:29 M:12 Y:28 K:0

C:29 M:26 Y:30 K:0

C:46 M:28 Y:20 K:0

C:6 M:5 Y:5 K:0

C:75 M:49 Y:96 K:10

解析：这是一场优雅的家居叙事，柔和色调的浅灰绿色用于家居背景色，在充沛的阳光下，整个室内洋溢着温暖、淡雅的感觉。而灰色调的浅灰蓝布艺很好地融入在这种淡雅的色调中，整个空间温馨和谐。

杜松子绿，晨光中的布鲁日湿地

比利时的布鲁日是座水城，河道遍布，很多建筑依河而建。在水网密布的湿地上，生长着茂密的森林，笼罩在氤氲的水汽中，绿色如洗。清新的杜松子绿便来自于此，它有着林海雪原的宏伟，也有着荷塘月色的清新，在有情众生中，总是卓尔不群。

CMYK

C:79 M:48 Y:86 K:9

C:40 M:42 Y:55 K:0

C:6 M:5 Y:5 K:0

C:91 M:63 Y:39 K:1

C:81 M:74 Y:67 K:39

解析： 将海港蓝与亮白色组成的花卉图案用在沙发包布上，是空间最为醒目的焦点。起到烘托效果的是清新靓丽的杜松子绿的墙纸，而无遮拦的落地窗带来充沛的光线，映衬杜松子绿的背景，让空间内外的自然元素得到顺利衔接，人在屋中坐，却如同遨游在自然中。

抹茶色，瑞典人的老时光

抹茶色是一种低纯度、带有黄绿色调的天然色彩。它承袭着灰绿色的低调优雅，又因为天生的古典内涵而让人浮想联翩。在瑞典的乡村住宅中，经常有许多陈旧的古斯塔夫“工匠风格”的家具，经过岁月的洗礼，呈现出抹茶色来。这种颜色带给人宁静清爽的感觉，仿佛一片遮阳的树荫，一阵清凉的微风，一个温馨的伴侣。

CMYK

C:57 M:22 Y:70 K:0

C:21 M:31 Y:42 K:0

C:6 M:5 Y:5 K:0

C:3 M:55 Y:66 K:0

C:46 M:11 Y:25 K:0

搭配配比

抹茶绿 GN 5- 03

米褐色 BN 3- 01

亮白色 GY 1- 01

柑橘色 OG 2- 03

浅松石色 BU 6- 02

解析：在这间餐厅中，哑光的抹茶绿壁纸营造出一种温馨宜人的氛围，暖黄色印花窗帘像是漂浮的花朵，丰富了空间纹理，并增添了诗意氛围。靠近墙角处，一个古董餐桌成为时间和深度的观望者。

灰绿色，被遗忘的阿米芹

神奇的灰绿色源于自然，类似于阿米芹根茎的颜色。它低调沉稳，可塑性极强，既可以回归青春，又可以打造轻奢的田园情调；它能够与古典文化结合，带来诗意的山水意境；也能特立独行，于花花世界中绽放自己的傲人魅力。在家居中，灰绿色有着极舒适的色彩视感和百搭特质，适宜作为背景色大面积使用。

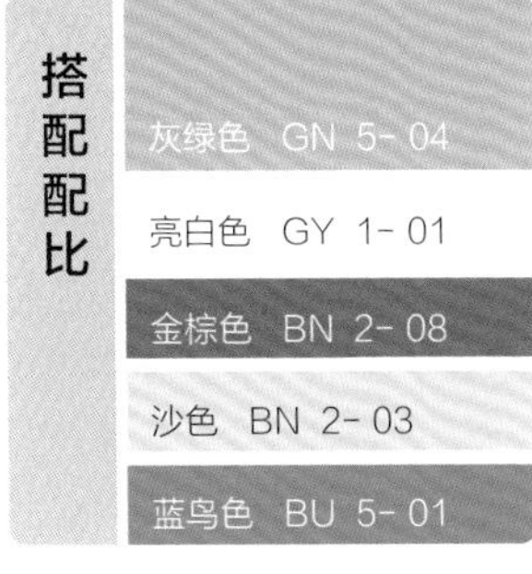

CMYK

C:43 M:24 Y:46 K:0

C:6 M:5 Y:5 K:0

C:50 M:63 Y:97 K:8

C:18 M:19 Y:26 K:0

C:81 M:40 Y:29 K:0

解析： 也许很少有人会注意玄关墙面的装饰，而事实上，这是家里至关重要的一部分，奠定了人们对一所房屋的最初印象。灰绿色的壁纸背景上点缀着中国风的花朵，烘托出了一种宁静而温柔的氛围，在此之外的一切都简单而随和。木质的地板和桌椅给予归来者友好而温馨的欢迎，一盏蓝鸟色的花瓶灯成为这个宁静空间的亮点。

树梢绿，隐形的神秘森林

树梢绿是绿色系中最贴近自然的色彩，也是使用最广泛的色彩，从茂密参天的树林，到家中摆放的娇小绿植，都可以看到它的身影。大地色调的树梢绿，因为常见而容易被人忽略，但是如果没有它，你会发现生活中缺少了许多活力和生机，所以它是一种隐形的色彩，需要你用心去寻找和感受。

搭配配比		CMYK
玳瑁色	BN 5-02	C:56 M:73 Y:78 K:22
银桦色	GY 5-05	C:23 M:17 Y:24 K:0
代尔夫特蓝	BU 2-06	C:84 M:67 Y:28 K:0
树梢绿	GN 5-05	C:75 M:49 Y:96 K:10
亮白色	GY 1-01	C:6 M:5 Y:5 K:0

解析： 古典且舒适的空间里，采用了玳瑁色的镶板墙壁进行装饰，优雅而温暖。空间中使用了代尔夫特蓝的布艺装饰，在银桦色的地毯上投下斑驳的影子。树梢绿色的包布沙发，是空间的焦点，它为空间带来活泼的氛围和轻松的旋律。

柠檬绿，邂逅十里春风

柠檬绿是酸爽的新鲜青柠，是阳光下的嫩绿柳芽，是亮丽惹眼的风景线，是被风吹散的青春回忆。单纯的柠檬绿无疑是当下炙手可热的色彩之一，将它装饰于家中，不涩不苦，反而散发着清爽之气，沁人心脾。无论是与古典元素衔接，还是与婉约灵动的现代装饰搭配，我们爱上的不是传统意义的小清新，而是柠檬绿那张扬着春风十里、杨柳依依的妩媚。

CMYK

C:46 M:10 Y:93 K:0

C:9 M:17 Y:41 K:0

C:6 M:5 Y:5 K:0

C:10 M:20 Y:90 K:0

C:60 M:68 Y:74 K:20

解析： 阳光色与柠檬绿的结合，是春风微醺时的杨柳依依，是十里芳香中的百花齐放。阳光色窗帘的介入打散了柠檬绿聚集起来的小清新，使得空间多了些许醉人的魅力。同时亮白色恰当地衔接了颜色的过渡，使得空间的视觉感愈加平衡。

绿光色，秋日下的林荫小道

呈现黄绿色相的绿光色，是介于春秋之间的色彩，既有春天的新鲜和活力，又有秋日的衰败和萧索，它的绿色孕育了一种宁静而孤独的姿态。这非常容易让人联想起在秋日的午后漫步于林荫道的感觉，苍黄的枝叶在阳光的照耀下，散发着绿色的光。

CMYK

- C:26 M:17 Y:18 K:0
- C:38 M:8 Y:73 K:0
- C:46 M:37 Y:36 K:0
- C:46 M:11 Y:25 K:0
- C:81 M:74 Y:67 K:39

搭配配比

- 冰川灰 GY 4- 01
- 绿光色 GN 6- 02
- 银色 GY 1- 03
- 浅松石色 BU 6- 02
- 魅影黑 GY 3- 05

解析: 卧室的墙面采用了优雅的冰川灰色，地面铺了银色地毯，而绿光色的窗帘以及床幔和床品，令卧室看上去自然而温馨，一切都是舒缓而安静的。浅松石色的靠包默默地点缀着空间，一切都刚刚好。

菠菜绿，季风草原

大地色调的菠菜绿，充满着波澜壮阔的感觉。它是无垠的草原上，季风刮过时掀起的绿色浪涛。而在苍茫的天地间，它还有着孤独而怀旧的味道。菠菜绿的色彩，细腻又充满质感，仿佛是被细细的筛网滤过一般。它最适宜用在古典或乡村田园的风情中，仿佛可以唤醒遥远的记忆，让美好的旧日时光轻轻来到你的身边，让岁月包围你。

搭配配比		CMYK
菠菜绿	GN 6- 03	C:52 M:33 Y:82 K:0
淡金色	BN 2- 05	C:33 M:43 Y:63 K:0
亮白色	GY 1- 01	C:6 M:5 Y:5 K:0
柑橘色	OG 2- 03	C:3 M:55 Y:66 K:0
纯黑色	GY 1- 08	C:88 M:82 Y:76 K:64

解析： 这间客厅是复古和田园风格的混合体。菠菜绿墙面带有布艺质感，淡金色的镶边装饰使墙面变得立体，黄麻地毯和干草编织椅子带来露天野餐的感觉，白色单人沙发和木质的黑色矮凳、茶几形成鲜明对比，柑橘色的窗帘作为低调的彩色填充，温柔却不妖艳。

雪松绿，竹林遗韵

它是深山竹林中的色彩，是飘逸的隐士，也是晨钟暮鼓里寺庙的山门。作为最纯正的绿色，生机盎然的雪松绿是堆砌空间的基础色彩。无论是对接时尚的潮流，还是直视古典的雅致，雪松绿都能呈现最佳的视觉效果。青翠欲滴的它还是提亮空间的关键色彩，即使只注入一点点绿意，也能瞬间为空间增添无限活力。

CMYK

C:68 M:52 Y:91 K:11

C:6 M:5 Y:5 K:0

C:39 M:37 Y:41 K:0

C:81 M:74 Y:67 K:39

C:11 M:15 Y:65 K:0

解析：雪松绿的背景搭配亮白色的布艺沙发，凉爽、清亮的色调打造了一个典雅洗练、通透大方的居室空间。加入同色调的花卉印花布艺，最大程度上呈现浪漫优雅的装饰效果。而传统家具搭配简练的现代线条，好似穿越了时间，为居室带入一分经久不衰的意蕴。

芹菜色，芭比娃娃的长发

芹菜色中带有温暖浅淡的黄色，它天生具有女性魅力，就像芭比娃娃的长发，温柔而纯净，蓬松而俏皮，你会禁不住有触摸和宠爱它的愿望。芹菜色大面积应用于墙面，既可装点出古典风格的感觉，也适用于打造田园风格的家居。

搭配配比		CMYK
芹菜色	GN 7-02	C:30 M:14 Y:63 K:0
亮白色	GY 1-01	C:6 M:5 Y:5 K:0
驼色	BN 4-02	C:40 M:54 Y:60 K:0
代尔夫特蓝	BU 2-06	C:84 M:67 Y:28 K:0
毛茛花黄	YL 1-04	C:8 M:11 Y:80 K:0

解析： 对于一个满怀热情的装饰主义爱好者来说，房间里再多种类的元素也不嫌多。在这个设有多个谈话区的混搭客厅中，充分利用了自然光线，清亮的芹菜色镶板墙壁使房间保持明亮和通透的感觉，并显露 20 世纪 60 年代的风格。各种优雅而美丽的色调在这里汇集，包括驼色的天鹅绒沙发，代尔夫特蓝的花纹装饰窗帘，以及毛茛花黄的法式古董单人椅。亚洲瓷器作为装饰点缀摆放在房间的各个角落，在异国风情中增添了古典的雅致。

绿洲色的轻熟魅力

一半繁茂一半温馨，这就是绿洲色的特点。绿洲色的黄绿色调里流露着轻熟、轻奢的气息，好似一颗莹润饱满的果实遥挂枝头，其浓郁的生机与活力极其诱人。它既可以与基础的中性色搭配，稳健而不失优雅；又可以与近似的华丽色调搭配，带来时尚前卫的和谐效果。

CMYK

C:44 M:32 Y:83 K:0

C:6 M:5 Y:5 K:0

C:28 M:36 Y:44 K:0

C:46 M:28 Y:20 K:0

C:81 M:74 Y:67 K:39

解析： 这是一个非常迷人的空间，内嵌式书架里塞满了书，墙面上挂满了各式各样的装饰画。此处空间是用餐处，正对着厨房门，不用餐的时候它会是个学习的好地方。餐桌上方一盏漂亮的吊灯上缀满了珠饰。空间使用绿洲色作为背景色，如果采光好的话，会带来温暖舒适的感觉。浅灰蓝色与绿洲色具有非常近似的灰度和饱和度，因此搭配起来视觉效果很协调。

橄榄绿，生命的轮回

深邃的橄榄绿，梦幻的橄榄绿，诗人吟咏过你，歌者赞颂过你。你太过童话，让人感到那么虚幻，仿佛是遗弃的城堡上遍布的青苔，幽暗的森林里亮起的一盏孤灯，抑或如梦如烟无法言说的梦。大地色调的橄榄绿，充满了生命的涌动和无限的遐想。用于家居中，既有庄严质朴的一面，也有自然活力的一面，它毫不修饰的美感，可以轻易地俘获你的心。

搭配配比	CMYK
橄榄绿　GN 7- 04	C:55　M:44　Y:76　K:0
蒸汽灰　GY 5- 03	C:13　M:9　Y:13　K:0
米克诺斯蓝　BU 3- 04	C:99　M:86　Y:33　K:1
魅影黑　GY 3- 05	C:81　M:74　Y:67　K:39
太妃糖色　BN 2- 06	C:28　M:43　Y:64　K:0

解析： 将橄榄绿用于古典风格的装饰中，会表现得非常出色，沉稳大气之余更多了华丽高调的秉性。这个客厅中，大面积的橄榄绿的墙面与蒸汽灰的地毯组合，中间的空隙则插入了米克诺斯蓝和太妃糖色的点缀，从而形成视觉焦点，让华丽的光彩在此流转。而橄榄绿更将此处的富丽堂皇不遗余力地映衬出来。

古铜色，恺撒大帝的铠甲

醇厚而明亮的古铜色像一位历史的记述者，恺撒大帝的赫赫战功离不开它的耀眼光芒。它彰显着历史的丰功伟绩，也领略着高处不胜寒的寂寞，就像被历史遗忘千年的青铜佛像，在晨钟暮鼓中不知不觉已锈迹斑斑。

CMYK

C:89 M:84 Y:53 K:23

C:34 M:46 Y:87 K:0

C:58 M:51 Y:100 K:5

C:81 M:74 Y:67 K:39

C:6 M:5 Y:5 K:0

解析： 这处商业空间设计得极为大胆。因为有着良好的采光，所以大量使用了暗色调的藏蓝色，而古铜色用在沙发座椅的天鹅绒面料上，鲜亮诱人。金属色调的蜂蜜色使用在天花板上，相当夸张。虽然空间中的颜色使用异常大胆，但是效果极其出色。

Home Color Design | BLUE

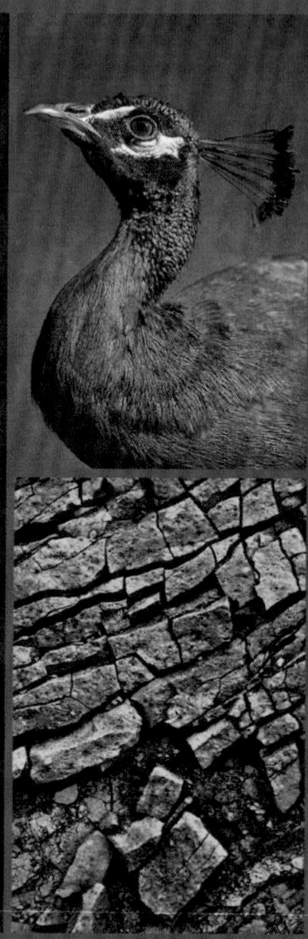

7. 蓝色系

蓝色是缥缈的天空，是浩瀚的大海，是皇冠上的宝石，也是千古流传的诗歌。它是神秘的造物，让一切变得难以捉摸，它出身高贵，让世俗可望而不可即。蓝色的世界，璀璨多姿；蓝色的家族，每一位都拥有自己的故事。蓝色是家居中不可或缺的色彩，是飞扬的灵魂，也是厚重的躯体。

皇家蓝，王室的“专属色彩”

皇家蓝是一款鲜亮、浓艳、微带紫调的蓝色，充满着天生的高贵感。它是英国王室公选的皇室色彩。皇家蓝正统、稳重、热情，不仅将贵族的优雅气质衬托得完美无缺，也在神秘中摇曳出几分魅惑。

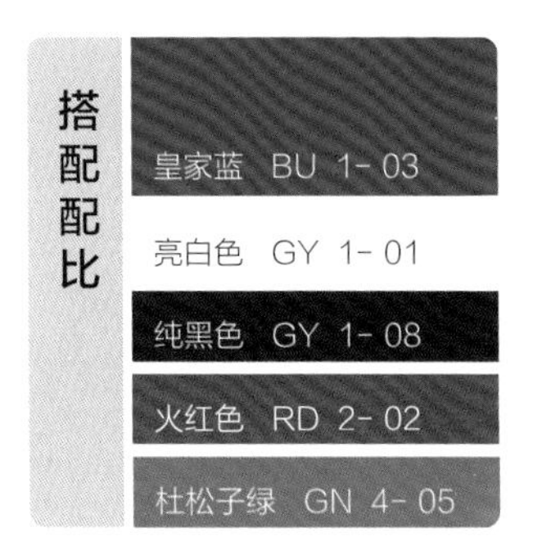

CMYK

- C:86 M:82 Y:19 K:0
- C:6 M:5 Y:5 K:0
- C:88 M:82 Y:76 K:64
- C:22 M:96 Y:83 K:0
- C:79 M:48 Y:86 K:9

解析：清爽的蓝色具有良好的情绪抚慰作用，尤其是明度颇高的蓝色调。比如本案例中的皇家蓝，其冷丽清亮的色调在大面积应用时能带来恢宏的高雅气势，结合黑白色调用于墙面装饰，碰撞出强烈的视觉冲击，令人目不暇接，所营造出的时尚奢美质感更是令人惊艳。

海军蓝，帆船渡过的海

海军蓝，接近于深蓝，又有着紫色的高贵气质，因曾用于英国皇家海军制服而得名。它静谧如海水，幽蓝而深远，又璀璨如夜空，明媚而深邃。应用于家居配色时，它不需要太多，多了会让人感觉高冷，就沉醉不知归路了。

搭配配比	CMYK
海军蓝 BU 1- 04	C:87 M:84 Y:39 K:3
藏蓝 BU 1- 05	C:89 M:84 Y:53 K:23
梦幻紫 PL 2- 03	C:71 M:89 Y:37 K:1
古铜色 GN 7- 09	C:58 M:51 Y:100 K:5
橙赭色 OG 2- 02	C:16 M:63 Y:80 K:0

解析：海军蓝的现代空间充满了艺术气质。这个空间使用了海军蓝作为墙面装饰，清爽而冷峻。梦幻紫的单人沙发、窗帘与古铜色多人沙发的搭配，带来浓重的色彩对比，突出了时尚个性。

藏蓝，波塞冬的深海

藏蓝是一种深藏不露的蓝色，仿佛深沉的大海，时而宁静温顺，时而汹涌强烈。它既有蓝色的沉静安宁，又有黑色的神秘成熟，还略透着红色的乐观感染力。大面积运用藏蓝的空间既抓人眼球，又能表达自我态度，演绎出大气的现代摩登格调。少量藏蓝夹杂白或灰的搭配，更适合喜爱简约、性格稳重的主人，凸显其不落俗套的上乘品位和优雅气质。

CMYK

- C:89 M:84 Y:53 K:23
- C:28 M:23 Y:27 K:0
- C:87 M:64 Y:63 K:22
- C:90 M:65 Y:13 K:0
- C:48 M:52 Y:88 K:2

搭配配比

- 藏蓝 BU 1- 05
- 银白色 GY 2- 02
- 深海绿 GN 1- 01
- 维多利亚蓝 BU 3- 03
- 琥珀绿 BN 1- 01

解析： 在这套案例中，藏蓝色背景的理性气息散发着精英式的浪漫主义情调，一丝不苟的细节打造让众多元素的糅合恰如其分。深海绿和维多利亚蓝的点缀是一种空间情绪上的转变突破，蓝与绿的组合形式既能承载藏蓝的幽深和凝重，也能感染维多利亚蓝积极明亮的调性，还能加载一丝绿色调的古典与宁静。

婴儿蓝，治愈心灵的静谧色彩

婴儿蓝是一种纯净柔和的色彩，带给人如婴儿般的鲜嫩清新，仿佛不曾沾染一丝尘埃。它似清透天空中一片淡薄的云，空灵的观感与优雅的气质自然地交融在一起。婴儿蓝用于家居配色，既有静若处子的美好，也有动如脱兔的不羁。它始终是浪漫悠闲的最佳选择。

搭配配比		CMYK
婴儿蓝	BU 2- 01	C:33 M:16 Y:12 K:0
亮白色	GY 1- 01	C:6 M:5 Y:5 K:0
爱马仕橙	OG 2- 01	C:0 M:67 Y:90 K:0
代尔夫特蓝	BU 2- 06	C:84 M:67 Y:28 K:0
古巴砂色	BN 3- 03	C:28 M:36 Y:44 K:0

解析： 纯净淡雅的婴儿蓝墙面搭配充满热情与鲜艳活力的爱马仕橙床品，这种强烈的对比色彩正是吸引儿童的关键。亮白色的布艺和灯具映衬着孩子们单纯可爱的内心天地，而代尔夫特蓝的斑点窗帘则激发了孩子们对海洋世界探索的乐趣，最后点缀带有古巴砂色的挂画和饰品，带来柔和温馨的感觉。

时光静好的浅灰蓝

时间在永不停止地流逝，它将美好的回忆与生活交织，让你品味过去、憧憬明天。清新淡雅的浅灰蓝，充满着浓浓的怀旧之情，成熟中带着一丝浪漫。作为家居色，浅灰蓝具有洗涤心灵的能力，时光也仿佛慢了下来，静静品味细水长流中的悠闲生活。花开花落，云卷云舒，那一份惬意惹人迷醉。

CMYK

C:46 M:28 Y:20 K:0

C:26 M:17 Y:18 K:0

C:18 M:19 Y:26 K:0

C:6 M:5 Y:5 K:0

C:51 M:62 Y:68 K:4

搭配配比

浅灰蓝 BU 2- 02

冰川灰 GY 4- 01

沙色 BN 2- 03

亮白色 GY 1- 01

画眉鸟棕 BN 4- 03

解析: 在木制元素比较突出的空间中，可以采用基本的蓝白配色，墙纸浅灰蓝的底色搭配白色印花，显得清新淡雅。在这样的氛围下，采用古典家具最为适合，让人感觉仿佛穿越时光，回到了从前，一种宁静、优雅的生活呈现在眼前。

充满治愈效果的宁静蓝

宁静蓝是一种浅淡的蓝，给人以温柔、宁静、平和之感。它属于治愈系色彩，不事张扬，自有一股淡然的气质，同时还有着舒缓视觉疲劳的作用。正如名字中提及的那样，宁静蓝能让你焦躁不安的心沉静下来。将它用于家居空间，无论是大面积的渲染，还是作为布艺装饰点缀，都可以搭配出优雅温馨的效果。

CMYK

C:49 M:31 Y:8 K:0

C:6 M:5 Y:5 K:0

C:43 M:36 Y:34 K:0

C:84 M:67 Y:28 K:0

C:40 M:58 Y:74 K:1

解析： 将阁楼作为卧室的设计并不少见，本案例除了空间利用之外，在配色和陈设上使用了宁静蓝，显得与众不同。宁静蓝的床头背景墙，在充沛阳光的衬托下，显得轻盈素雅，而古典的四柱床、璀璨的华灯，则带有浓厚的怀旧意境。

矢车菊蓝，浪漫的王室之花

蓝色矢车菊是德国国花，有一种说法，它的蓝被誉为世界上最尊贵的蓝色。在安徒生童话里，它是小美人鱼蔚蓝的眼睛，浪漫并感动了许多人的童年。介于蓝紫之间的它，蓝得尊贵，紫得浪漫，集万千宠爱于一身。

CMYK

C:61 M:40 Y:2 K:0

C:6 M:5 Y:5 K:0

C:57 M:67 Y:65 K:11

C:81 M:74 Y:67 K:39

C:84 M:67 Y:28 K:0

解析：用于卧室里的蓝色有很多种，能大面积用作背景色的并不多，背景色基本以灰色调、中性色调为主。本案例中，明亮的矢车菊蓝墙面，搭配深色的肉豆蔻色地毯，平衡了空间的明暗对比。艺术挂画则成功地打破了空间的大色块，丰富了层次感。

灰蓝色，被云层遮蔽的海面

灰蓝色是蓝色系中最为经典的色彩之一，它有着清新淡雅的灰色调，而在层层深入的色泽中，我们可以轻易捕捉到隐匿其中的无拘无束的自由气息。这种蓝色与灰色的交融，仿佛是被云层所遮蔽的海面，灰暗中是厚重而奔涌的蓝色世界，时而云淡风轻，时而执着任性。

CMYK

C:66 M:43 Y:30 K:0

C:7 M:7 Y:13 K:0

C:91 M:70 Y:49 K:9

C:14 M:25 Y:36 K:0

C:81 M:74 Y:67 K:39

搭配配比

灰蓝色 BU 2- 05

白鹭色 YL 2- 01

摩洛哥蓝 BU 4- 05

小麦色 BN 4- 01

魅影黑 GY 3- 05

解析： 作为大面积的墙面色，灰蓝色表现出温和可亲的气质。无须艳丽的装饰，白鹭色的亚麻窗帘带来干净质朴的感觉，而温暖底色上笔触简单的素描画给空间带来温馨静谧。晕染图案的蓝色地毯像是被风吹皱的海面，富有动感，皮质沙发与玻璃茶几的搭配十分恰当，绿植的点缀则是必不可少的。

代尔夫特蓝，大航海时代的瓷器

在 17 世纪初期，伴随着大航海时代的开启，大量中国陶瓷器物抵达阿姆斯特丹。东方文化和艺术品为西方世界带来源源不断的灵感，荷兰代尔夫特的陶工开始了对中国景德镇青花的模仿。在东西方文化交织影响的过程中，一种独特的艺术风格逐渐形成——代尔夫特锡釉蓝陶，并被荷兰王室冠以“皇家”之名。此后，这种颜色逐渐在欧洲普及，“皇家代尔夫特之蓝”成为经典之蓝。

CMYK

C:84 M:67 Y:28 K:0
C:6 M:5 Y:5 K:0
C:44 M:79 Y:75 K:6
C:90 M:54 Y:61 K:9
C:14 M:25 Y:36 K:0

搭配配比

代尔夫特蓝 BU 2-06
亮白色 GY 1-01
砖红色 RD 1-04
湖水绿 GN 1-02
小麦色 BN 4-01

解析： 代尔夫特蓝色的空间背景给人一种睿智沉稳的宁静之感，搭配两个小麦色的单人座椅，则显得柔和而舒适。此外，空间采用湖水绿的沙发，辅之魅影黑的躺椅，二者皆透露着现代的简约气息，砖红色的地毯则为空间增加了一抹亮色。

深牛仔蓝，孤独的宇宙漫游者

深牛仔蓝仿佛深邃的宇宙中一抹幽暗的蓝光。它在广阔无垠中漫游，孤独中保持着坚韧与温润。这款灰色调的蓝色有着舒缓娴静的一面，带着抚慰心灵的温柔力量。将深牛仔蓝带入到家居设计中，它的优雅魅力可以让空间在沉静中流淌着脉脉温情。

搭配配比

颜色	CMYK
深牛仔蓝 BU 2- 08	C:85 M:73 Y:53 K:16
亮白色 GY 1- 01	C:6 M:5 Y:5 K:0
古巴砂色 BN 3- 03	C:28 M:36 Y:44 K:0
蜂蜜色 YL 3- 06	C:34 M:46 Y:87 K:0
藏蓝 BU 1- 05	C:89 M:84 Y:53 K:23

解析：塑造古典气质的卧室空间，用深牛仔蓝作为背景色非常合适，它具有深沉、硬朗的感觉，而亮白色是其必不可少的经典搭配色。此外，点缀的古巴砂色带来温馨和舒适的感觉，平衡了空间的冷暖色调。

勿忘我蓝，不凋的相思草

勿忘我蓝取自一种名叫“勿忘我”的蓝色小花，这种花有着顽强的生命力，即便枯萎，它的蓝色也依旧鲜艳，所以有人称这种花为“不凋花”，亦称为“相思草”。在欧洲，这种花代表忠贞的爱情，青年男女互赠勿忘我，以期待彼此不离不弃。

CMYK

C:50 M:25 Y:20 K:0

C:87 M:84 Y:39 K:3

C:46 M:11 Y:25 K:0

C:67 M:78 Y:26 K:0

C:6 M:5 Y:5 K:0

搭配配比

勿忘我蓝 BU 3- 01

海军蓝 BU 1- 04

浅松石色 BU 6- 02

紫罗兰色 PL 2- 04

亮白色 GY 1- 01

解析： 此卧室的设计，突出的是少女时代的情调。大量波点状的几何元素，仿佛跳动的音符，适合孩子们活泼的心态。勿忘我蓝是爱情的色彩，本身有着高洁素雅的美感，它与同色系的海军蓝搭配，深浅对比，层次分明。而浪漫的紫罗兰色出现在单椅上，成为空间中最醒目的存在。

黄昏蓝，落日余晖

以夏日海边的夕阳余晖为灵感，黄昏蓝像是一个走过浮华的女子，漫步在黄昏的街头，不抢眼，不世俗，在黄昏中安静地守候时光的流逝。它温柔而舒适，自然而低调。身处于黄昏蓝的世界，让人在放松身心的同时，可以静享恬淡。若在家居设计中加入黄昏蓝，整个空间就会变得宁静平和。

搭配配比	CMYK
婴儿蓝 BU 2- 01	C:33 M:16 Y:12 K:0
黄昏蓝 BU 3- 02	C:56 M:31 Y:18 K:0
珊瑚金色 OG 2- 04	C:19 M:59 Y:66 K:0
亮白色 GY 1- 01	C:6 M:5 Y:5 K:0
银色 GY 1- 03	C:46 M:37 Y:36 K:0

解析： 蓝色与橙色组合的炫酷搭配是当下有个性的年轻人热烈追求的鲜活潮流，就像阳光、沙滩与海浪。在此案例中，婴儿蓝的背景下使用了黄昏蓝的沙发，点缀在布艺中的珊瑚金色相对精细而稀疏，侧重锦上添花而非喧宾夺主，以免造成视觉上的不和谐。

维多利亚蓝，童年的夏洛蒂

维多利亚蓝是夏洛蒂的《简 · 爱》中的色彩，它是不甘沉沦的人们对抗命运的力量，也是殖民时代英国的社会精神。这款蓝色明净而端庄，阳光而洒脱，它的低调与诗意在脚步翩跹中令人着迷。在家居设计中，它无论面积大小，都能打造出色彩强烈、视觉舒适的环境。

搭配配比	CMYK
维多利亚蓝 BU 3- 03	C:90 M:65 Y:13 K:0
亮白色 GY 1- 01	C:6 M:5 Y:5 K:0
冰川灰 GY 4- 01	C:26 M:17 Y:18 K:0
海蓝色 BU 4- 01	C:43 M:14 Y:14 K:0
树梢绿 GN 5- 05	C:75 M:49 Y:96 K:10

解析： 此案例中，在大面积的维多利亚蓝背景下，无论是光滑的洗涤盆、操作台、精巧的椅子，还是精致的金属器具，都让空间愈加大方与自然。再加上小巧的盆栽带来的浓郁生机，整个空间都是让人驻足欣赏的元素。

米克诺斯蓝，正午阳光下的爱琴海

米克诺斯岛位于广阔壮美的爱琴海海域，岛屿上风光旖旎、美不胜收，犹如爱琴海上一颗璀璨的珍珠，熠熠发光。米克诺斯蓝的灵感来自于爱琴海的色彩和岛上的蓝色建筑。这里拥有最具地中海风格特色的建筑，洁白如羽毛的白墙和色彩斑斓的门窗、阳台，尤其与米克诺斯蓝搭配，形成十分鲜明的对比，仿佛世外桃源。

CMYK

C:26 M:17 Y:18 K:0

C:6 M:5 Y:5 K:0

C:99 M:86 Y:33 K:1

C:89 M:84 Y:53 K:23

C:81 M:74 Y:67 K:39

搭配配比

冰川灰 GY 4- 01

亮白色 GY 1- 01

米克诺斯蓝 BU 3- 04

藏蓝 BU 1- 05

魅影黑 GY 3- 05

解析：沉静是这个房间带给人最主要的感受。这得益于房间采用了黑白灰的基础色来搭配蓝色系，形成了优雅沉稳的意象。冰川灰的墙面色彩加以白色窗帘和饰品点缀，米克诺斯蓝的沙发则点缀同色系的藏蓝色，层次分明，而且色彩协调。

深灰蓝，夜莺的歌声

深灰蓝的夜空，宁静而辽阔，上面布满璀璨的星辰。与别的深蓝色不同，深灰蓝在宁静中带着温柔和婉转，就像夜晚响起的夜莺歌声。它们来自河谷、丛林、低矮的灌木，有草木的地方就有夜莺的歌喉，它的优雅自在甚至令歌唱家都相形见绌。

CMYK

C:83 M:62 Y:44 K:3

C:38 M:47 Y:60 K:0

C:6 M:5 Y:5 K:0

C:7 M:7 Y:13 K:0

C:53 M:93 Y:82 K:32

搭配配比

深灰蓝 BU 3- 05

冰咖啡色 BN 3- 04

亮白色 GY 1- 01

白露色 YL 2- 01

梅诺尔酒红 RD 3- 06

解析： 这是一个近乎艺术作品的室内设计，它的配色以及家居陈设都让人心动。深灰蓝的墙面充满艺术气质，其本身具有的灰色调有着很好的兼容性，搭配地面中性色调的冰咖啡色，相当和谐自然。沙发包布采用了中性色调的白鹭色，上面红色的生命树图案很醒目。家具采用了古典风格，混搭了一部分现代艺术，整体空间宁静、高雅。

海蓝色，月光下的白马

海蓝色是伴你入梦的色彩，轻柔的月光下，以梦为马，张开自由的翅膀，到你想去的地方，营造你自己的王国。海蓝色既有婴儿蓝的似水柔情，又有灵动清爽的水润意象，如大海之辽阔，如天空之空灵。海蓝色用于家居中，非常适合打造安静舒适的家居空间，可起到放松解压的作用。

CMYK

C:43 M:14 Y:14 K:0

C:6 M:5 Y:5 K:0

C:88 M:82 Y:76 K:64

C:26 M:17 Y:18 K:0

C:22 M:72 Y:82 K:0

搭配配比

海蓝色 BU 4- 01

亮白色 GY 1- 01

纯黑色 GY 1- 08

冰川灰 GY 4- 01

南瓜色 OG 3- 03

解析：此空间为经典的蓝白配色，中亮色调的海蓝色搭配传统的亮白色，依靠空间中的光影效果，带来明暗对比，使得空间层次分明，立体感十足。同时加入现代的几何图案地毯，融合了黑白色调，冰川灰包布床具则使得空间时尚而简约，一丝南瓜色的点缀成为空间的吸睛所在。

挪威蓝，波斯猫的瞳孔

如果你到过挪威，那片至纯至净的蓝色一定会是你最美的记忆，沧海、蓝天、湖光、峡湾，这抹蓝静美清新，无处不在。这种高明度和饱和度适中的色彩就像波斯猫的瞳孔，为这抹纯正的蓝调赋予了独特的视感，抛开了忧郁的成分，只留下一片欢快与明媚。看到它，你会有一种无拘无束、云淡风轻的轻松畅快之感。

搭配配比		CMYK
挪威蓝	BU 4- 02	C:68 M:22 Y:17 K:0
海军蓝	BU 1- 04	C:87 M:84 Y:39 K:3
亮白色	GY 1- 01	C:6 M:5 Y:5 K:0
晚霞色	YL 2- 02	C:6 M:7 Y:22 K:0
极光红	RD 2- 04	C:35 M:90 Y:76 K:1

解析： 这是一个有趣的阳光房设计，采用挪威蓝作为空间的背景色，明亮而高冷的氛围可以中和掉过度的阳光，现代风格的陈设加入波普艺术，在蓝调的空间中点缀了多种色彩，但是并不影响整体的清爽和沉稳。

景泰蓝，明朝帝王的珐琅色

景泰蓝是明朝瓷器上的色彩，它有着宫廷的优雅气质，也有着冷艳的色泽质感。它取自繁杂的手工技艺，秉持着醉人的神韵。景泰蓝是饱和度略高的纯粹蓝调，明亮莹润。从一片柔和的清爽到一抹深沉的典雅，从一份沁人心脾的舒怡到一丝平静深邃的诱惑，都让人爱不释手。

CMYK

C:26 M:17 Y:18 K:0

C:82 M:43 Y:14 K:0

C:43 M:36 Y:34 K:0

C:6 M:5 Y:5 K:0

C:24 M:44 Y:68 K:0

搭配配比

冰川灰 GY 4- 01

景泰蓝 BU 4- 03

烟灰色 GY 3- 01

亮白色 GY 1- 01

橡木黄 YL 4- 02

解析： 要让一个充满工业风的空间变得高雅、精致并不容易。但在这个案例中，设计师通过冰川灰与景泰蓝搭配，便轻松实现了这种优雅的效果。原本金属材质的天花板，被刷上了景泰蓝的色彩，从而成为优雅的来源，再搭配橡木黄的木材元素，使空间得到进一步软化。

海港蓝，港湾里卷起的细浪

浩瀚的大海，汹涌的巨浪，让人恐惧，也让人迷恋。而港湾里的海，如同在怀抱中沉睡的孩子，安静而柔和，海港蓝是它的肤色，也是它的性格。这款纯净的蓝色静谧而深邃，带着些许神秘的气息。同时，中庸的色调使它又像一位风度翩翩的绅士，理性而低调、内敛。

搭配配比		CMYK
	海港蓝 BU 4- 04	C:91 M:63 Y:39 K:1
	亮白色 GY 1- 01	C:6 M:5 Y:5 K:0
	米克诺斯蓝 BU 3- 04	C:99 M:86 Y:33 K:1
	金棕色 BN 2- 08	C:50 M:63 Y:97 K:8
	橘红色 RD 1- 03	C:20 M:90 Y:87 K:0

解析： 本案例在一个常规的亮白色房间里使用了米克诺斯蓝的花卉壁纸，本是热烈的图案，却因为蓝色而带来了优雅冷静的感觉。空间中最醒目的是一对海港蓝的柜子，本身明亮的色调，在漆面上显得更加通透动人。几何图案的地毯上摆放的橘红色单椅，是蓝色夜空中的一团火焰。

摩洛哥蓝，卡萨布兰卡的天空

经典的摩洛哥蓝，带你走进北非的神奇世界。就像卡萨布兰卡的天空，清澈而透明。它是炎热世界里的一汪清泉、一缕凉风，让人沉浸其中，无法自拔。摩洛哥蓝在打造充满异域风情的空间方面，具备相当的能量，与暖色系搭配，能起到非常好的平衡效果。

CMYK

C:91 M:70 Y:49 K:9

C:43 M:36 Y:34 K:0

C:7 M:14 Y:37 K:0

C:6 M:5 Y:5 K:0

C:24 M:58 Y:20 K:0

搭配配比

摩洛哥蓝 BU 4- 05

烟灰色 GY 3- 01

奶油色 YL 3- 01

亮白色 GY 1- 01

柔玫瑰色 PK 3- 02

解析： 这个案例中，摩洛哥蓝承袭着地中海的魅力，在传统的空间中，因为它的出现，改变了空间的气场。它与温暖的奶油色搭配，带来奇妙的感觉，使凉热都愈发明显，但空间变得温馨而优雅。

蓝鸟色，公主的蝴蝶结

它是热爱自由、热爱飞翔的鸟，天空是它的极限，而身姿却是大地起伏的线条。蓝鸟色有着天空的深邃高远，又有着明亮而高调的气质。它是高贵的点缀，如同公主的蝴蝶结，任凭它放纵不羁，却总因为这一抹蓝鸟色而千般优雅。

CMYK

- C:81 M:40 Y:29 K:0
- C:6 M:5 Y:5 K:0
- C:46 M:37 Y:36 K:0
- C:14 M:39 Y:35 K:0
- C:60 M:68 Y:74 K:20

解析: 此空间力求再现洛可可时期的女性魅力和宫廷奢华。在有限的空间里，为了营造这种感觉，设计师使用了蓝鸟色的中国风花鸟壁纸，既有宫廷的贵族气质，又有女性的优雅格调，而家具采用了现代改良之后的洛可可风格。空间整体以蓝白色调为主，点缀了暗粉色，尽显女主人的优雅气质。

柔和蓝，爱情马卡龙

柔和蓝，是晨间的一抹薄雾，是海中的一朵浪花。它的美就像马卡龙的色彩，如梦似幻，却又真实存在。将柔和蓝带入到家居世界，轻柔而温婉，清爽而优雅，如同它的名字一般，使整个空间像一幅完美的画卷在我们眼前徐徐展开。

解析： 柔和蓝主导的海滩风与镉橘黄布艺结合，效果出奇制胜。淡雅的蓝色奏响了清新海浪的长吟，让人能够忘我地将身心交付其中，而橙色布艺则让这种温润裹上一层绵软柔和的慵懒气质，文艺而浪漫。毛茛花黄的靠包让人想到热带水果，缤纷而充满刺激。

蓝光色，礁石上的美人鱼

它让人联想起晶莹润泽、被海水轻柔抚过的贝壳，也让人想起在礁石上吟唱的美人鱼的尾巴。蓝光色最能诠释浪漫，尤其是演绎夏日物语的经典旋律。它的温柔色调具有俘获人心的魔力，就像美人鱼的歌声。在室内设计中，无论是作为墙面装饰背景色，还是作为局部细节的点缀色彩，它都能为你带来惊艳的效果。

解析： 蓝光色用于厨房设计是再好不过的，它具有柔和的色调、浅淡的蓝绿色相，适合打造温馨、优雅的氛围。将它用在橱柜的表面，搭配厨房亮白色或者冰川灰的背景，清爽但不寒冷，优雅而不张扬，是最好的轻奢风格配色选择。

潜水蓝，马尔代夫的海

马尔代夫的海，是上天的眷顾，它的蓝与众不同，是天空的倒影在南印度洋上形成的画卷。这是通透的蓝、静止的蓝，流动的只有海中清晰可见的鱼虾和徐徐舒展的珊瑚、海草。潜水蓝是充满度假气息的色彩，是放松身心、感受阳光的最佳选择。

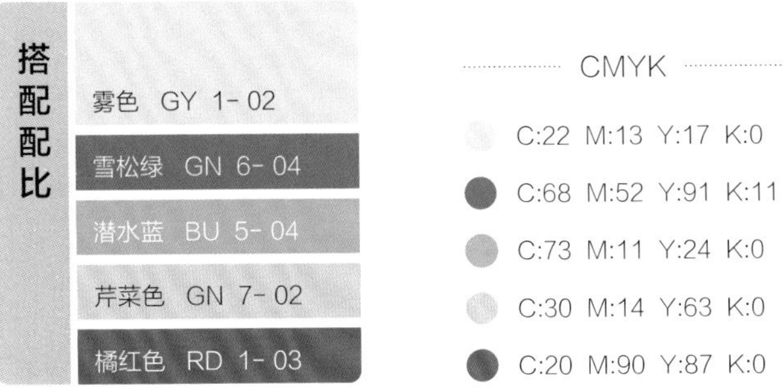

搭配配比

颜色	CMYK
雾色 GY 1- 02	C:22 M:13 Y:17 K:0
雪松绿 GN 6- 04	C:68 M:52 Y:91 K:11
潜水蓝 BU 5- 04	C:73 M:11 Y:24 K:0
芹菜色 GN 7- 02	C:30 M:14 Y:63 K:0
橘红色 RD 1- 03	C:20 M:90 Y:87 K:0

解析： 在这间优雅的客厅中，我们看到了古典框架下现代装饰的魅力。客厅的硬装环境采用了古典的元素，雾色的背景介于亮白色和冰川灰之间，赋予空间浅淡的灰色调。潜水蓝的沙发，芹菜色的地毯，橘红色的家具以及绿色的窗帘，搭配出一种充满热带气息的家居格调。

孔雀蓝，上帝的隐语

孔雀蓝，一种蓝中带绿的色彩，是蓝色系中神秘的闯入者，也是大自然造物的恩赐。它是遥不可及的神奇色彩，是除了金银以外的一个特殊色，它因孔雀的优雅形象而给人美好的联想。孔雀蓝既有古典的高贵、典雅，又有现代的明艳、纯净。孔雀蓝在家居设计中是多变的，不一样的搭配会呈现完全不同的风格。

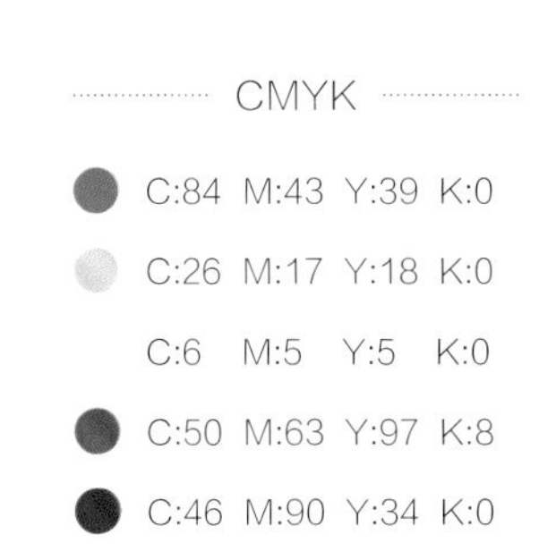

解析： 孔雀蓝的背景搭配暖心的金棕色，用棕色系的沉静与低调来收敛孔雀蓝的高贵，再加上素雅的冰川灰窗帘和亮白色床品，使得孔雀蓝在整个空间里分外和谐。紫红色的点缀，使空间魅力十足。

比斯开湾蓝，五月的海洋风

比斯开湾是位于法国与西班牙之间的海湾。比斯开湾蓝看上去并不陌生，这是一种浓郁又优雅的蓝绿色，是天空与森林在海洋中投影的交汇，是世间最美的自然色彩的融合。神秘而自信的比斯开湾蓝用于家居设计时，既可以展现蓝色的宁静，又能带来绿色的活力，同时它还有着热带海洋的风情。

CMYK

C:23 M:17 Y:24 K:0

C:6 M:5 Y:5 K:0

C:86 M:47 Y:46 K:1

C:34 M:46 Y:87 K:0

C:86 M:82 Y:19 K:0

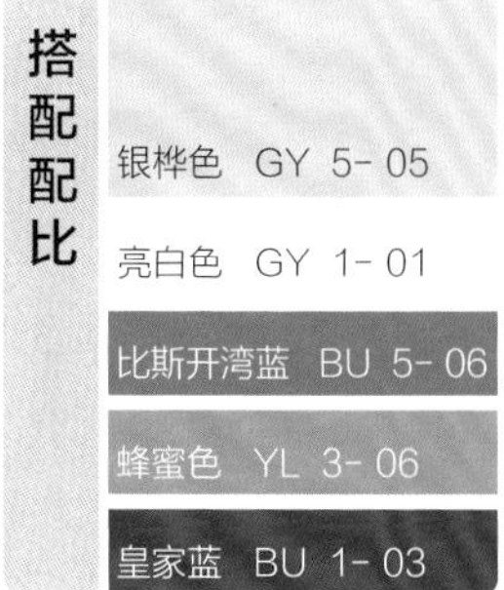

解析： 在暖色调的厨房空间中，背景色采用中性色调的银桦色与亮白色搭配，清新素雅。而加入比斯开湾蓝的台面和后挡板，明亮、清透的色彩让厨房瞬间充满了海洋气息。

蒂芙尼蓝，爱情的知更鸟

1845 年，当知更鸟蛋蓝第一次出现在蒂芙尼品牌的蓝书封面上时，它便化身为代表着浪漫与幸福的经典蒂芙尼蓝色。在漫长的岁月里，其独一无二的魅力迷倒了万千女性，倾倒了整个世界。这款唯美色彩入驻家居中，注定会带来一份怦然心动的挚爱和最长情的告白。

CMYK

C:49 M:0 Y:23 K:0

C:6 M:5 Y:5 K:0

C:12 M:84 Y:83 K:0

C:81 M:74 Y:67 K:39

C:38 M:47 Y:60 K:0

搭配配比

蒂芙尼蓝 BU 6- 01

亮白色 GY 1- 01

探戈橘色 OG 3- 05

魅影黑 GY 3- 05

冰咖啡色 BN 3- 04

解析： 空间大面积使用蒂芙尼蓝，既能带来夏日的清爽感，也在一定程度上提升了居住环境的质感。冰咖啡色的地毯，平衡了空间的冷暖感受。而热情的探戈橘色作为点缀色，与之对比更能产生强烈的视觉冲击力，令配色效果卓尔不群。

浅松石色，都市里的竹林隐士

浅松石色，介于蓝绿之间，它与蒂芙尼蓝有着相似的质感，却有着比它更为温婉的外表。如果说蒂芙尼蓝是色彩中的贵族，那么浅松石色便是色彩中的隐士。它像徜徉在山水间的诗人，倾听着竹林风声、泉水流淌，欣赏着花开花落、云卷云舒。这种从容淡定是浅松石色的内涵，也是都市中人们渴求的状态。

搭配配比

颜色	编号	CMYK
蒂芙尼蓝	BU 6- 01	C:49 M:0 Y:23 K:0
浅松石色	BU 6- 02	C:46 M:11 Y:25 K:0
暗粉色	PK 4- 03	C:14 M:39 Y:35 K:0
古铜色	GN 7- 09	C:58 M:51 Y:100 K:5
亮白色	GY 1- 01	C:6 M:5 Y:5 K:0

解析： 介于蓝绿之间的浅松石色，清新淡雅，适合大面积使用，尤其是作为背景装饰，能够营造出浪漫而清雅的感官体验。在这套案例中，中国风的花鸟图案搭配了浅松石色，浪漫气韵在这一刻产生了共鸣，从窗幔到墙纸，形成了一个统一的整体。而蒂芙尼蓝与浅松石色的色彩切换也自然柔和，再点缀暗粉色的床头板，精致唯美、高雅不凡，想必这样的居室没有哪个女人会拒绝。

Home Color Design

PURPLE

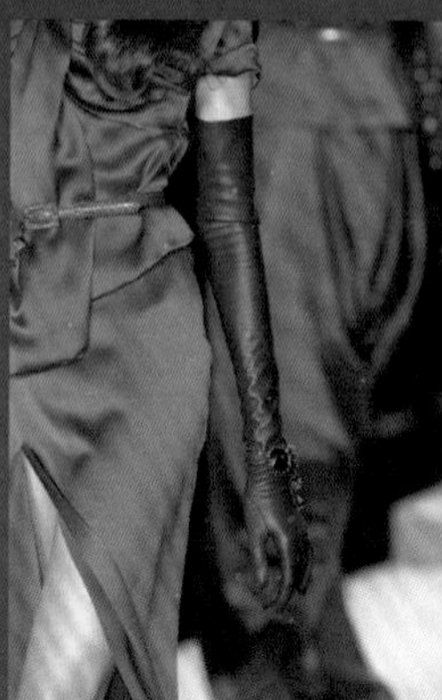

8. 紫色系

紫色曾经是宫廷的色彩，是权力的桂冠，是王侯将相身上的华服，它的高贵曾让人难以企及。紫色还是浪漫的情怀，女人柔美的线条，唇齿间吐露的芬芳。紫色更是自然的色彩，不论是开遍田野的薰衣草，还是寂寞绽放的兰花，暗香浮动中，都让人神魂颠倒。紫色用于家居中，相比于其他色彩更难把握。如果能够驾驭好桀骜不驯的紫色，那么你就会在色彩的世界里任意驰骋。

紫红色，山谷里的马蹄莲

紫红色有着张扬的个性，在它放纵不羁的性格里，藏着单纯的美好。它的桀骜，一般人难以驾驭，而它的孤芳自赏，也是一道清流，宛若山谷中的马蹄莲，于无声处怒放着紫红色的火焰，照亮荒芜的生命之地。

CMYK

C:81 M:74 Y:67 K:39

C:46 M:90 Y:34 K:0

C:6 M:5 Y:5 K:0

C:17 M:45 Y:84 K:0

C:68 M:78 Y:71 K:38

解析： 这是一个充满华丽感的家居设计，图案和色彩是设计的重要元素。家居背景采用了黑色的染色橡木，黑色很多时候是一种强烈个性的表达和诠释。诱人的紫红色沙发是空间的焦点，其艺术造型让人印象深刻。

西梅色，夜晚的语言

西梅色是夜晚烛光下的一杯红酒，款款深情，尽在不言中。它是幽幽的思念，长夜里，在沙漏的流逝中，发出一声冗长的叹息。西梅色是紫色系中幽暗的色彩，也是最深情的色彩，它是属于夜晚的语言，需要在宁静中去聆听。

搭配配比

色名	色号	CMYK
钢灰色	GY 1- 05	C:66 M:57 Y:51 K:3
亮白色	GY 1- 01	C:6 M:5 Y:5 K:0
西梅色	PL 1- 03	C:68 M:80 Y:58 K:21
冰川灰	GY 4- 01	C:26 M:17 Y:18 K:0
金色	YL 4- 03	C:17 M:45 Y:84 K:0

解析：客厅墙面采用钢灰色装饰，搭配纯洁的亮白色，形成鲜明的对比。沙发使用了低调优雅的西梅色，空间点缀冰川灰的单人座椅和金属色的奢华配件。精致的地毯引人瞩目，看上去现代而时尚。

柔薰衣草色，雨后的普罗旺斯

普罗旺斯的薰衣草，静静地等待着爱情。它是浪漫的象征，当你漫步在薰衣草花田时，仿佛进入梦幻的世界：在一片被雨水冲洗后的湛蓝天空下，是一望无垠的紫色天堂，淡淡的花穗在风中飘舞。这一望无际的花海是凡尔登大峡谷的鬼斧神工之作，它承载着无数少女的浪漫梦想，寄托着无数文人骚客的魂牵梦绕。

搭配配比

色彩	CMYK
亮白色 GY 1- 01	C:6 M:5 Y:5 K:0
雾色 GY 1- 02	C:22 M:13 Y:17 K:0
冰川灰 GY 4- 01	C:26 M:17 Y:18 K:0
柔薰衣草色 PL 1- 04	C:37 M:47 Y:21 K:0
岩石灰 GY 2- 05	C:53 M:49 Y:54 K:0

解析： 打造一个温馨优雅的卧室空间，柔薰衣草色更像是点睛之笔。在这个亮白色做背景色的空间中，使用了近似的雾色作为窗帘颜色，以及同色系的冰川灰作为地毯颜色，在明暗对比上，选用岩石灰的床品，而柔薰衣草色床头板和沙发成为空间最醒目的色彩。

兰花紫，晚霞剪影

从粉紫色的兰花中汲取的兰花紫，由紫色、紫红和粉红三种色相调和而成。虽然紫色不属于大众主流，却是一种令人印象深刻的色彩。柔美与热情并存的兰花紫，如霞光晚照、落日余晖，娇羞迷人又略带有神秘情调。将其与同色系不同色调的色彩搭配，能收获意想不到的效果。

CMYK

C:33 M:16 Y:12 K:0

C:20 M:90 Y:87 K:0

C:39 M:71 Y:7 K:0

C:44 M:32 Y:83 K:0

C:6 M:5 Y:5 K:0

搭配配比

婴儿蓝 BU 2- 01

橘红色 RD 1- 03

兰花紫 PL 1- 05

绿洲色 GN 7- 03

亮白色 GY 1- 01

解析： 本案例在客厅中使用了淡雅的婴儿蓝作为墙面背景色，搭配了对比鲜明的橘红色窗帘。但是最吸引人的却是兰花紫沙发，它优雅得让人心醉。客厅还布置了法式风的扶手椅和经典挂画。

葡萄汁色，魔法森林

沉浸在优雅的葡萄汁色中，就像进入了一个被魔法染色的森林，花草以及动物都披上了一层神秘朦胧的色彩。魔法的世界在风中摇曳，成为一个遗世独立的仙岛，闲看云卷云舒，乐得逍遥自在。

搭配配比

色名	CMYK
葡萄汁色 PL 1-06	C:58 M:64 Y:40 K:0
亮白色 GY 1-01	C:6 M:5 Y:5 K:0
银白色 GY 2-02	C:28 M:23 Y:27 K:0
紫菀色 PL 3-04	C:59 M:57 Y:14 K:0
古典绿 GN 1-06	C:84 M:53 Y:62 K:8

解析：这间卧室被葡萄汁色的丝绸壁布包裹着，点缀以银白色的高大花树，优雅而高贵。家具和地毯都采用浅淡的灰色调，以维持整体的和谐统一。毛茸茸的地毯使房间显得更加柔软华贵，床头板和贵妃椅的出现，带来优雅的绅士风度，镜面的床头柜、茶几等，赋予空间华丽的现代气息。

葡萄紫色，伊利亚特的玫瑰花

“有一个地方名叫克里特，在葡萄紫的海水中央……”《伊利亚特》的英雄史诗，在拨弄竖琴的诗歌朗诵者口中传唱。在诗人荷马的墓前，夜莺诉说着对玫瑰花的爱。葡萄紫色的花瓣倒映在爱琴海面，是对诗人的千古追思。葡萄紫色，明丽动人，是优雅和浪漫的音符，拨动着人们的心弦。

CMYK

- C:46 M:37 Y:36 K:0
- C:69 M:92 Y:44 K:6
- C:6 M:5 Y:5 K:0
- C:57 M:48 Y:69 K:1
- C:17 M:45 Y:84 K:0

解析： 客厅采用了银色作为墙面背景色，并且定制了搁架，使其具有了书房的功能，而干草色的沙发正好摆放在其中，两者搭配营造出了舒适、平静的氛围。空间中最为惊艳的是葡萄紫色的地毯，以及摆放在上边的紫色印花图案单椅，它们为空间注入了极度优雅的气息。

深紫红色，华灯下的紫禁城

深紫红色是神秘而庄严的色彩。它是紫禁城千百年来的夜，是宏伟建筑在月光下的影子。它是人们茶余饭后的戏说，很难让人一睹真容。深紫红色在家居中是大气的存在，不一定要多，但是恰到好处地使用，可以在空间中营造奢华而沉稳的气氛。

CMYK

C:6 M:5 Y:5 K:0

C:57 M:22 Y:70 K:0

C:86 M:82 Y:19 K:0

C:65 M:89 Y:54 K:16

C:15 M:27 Y:81 K:0

搭配配比

亮白色 GY 1- 01

抹茶色 GN 5- 03

皇家蓝 BU 1- 03

深紫红色 PL 1- 08

玉米黄 YL 2- 05

解析： 这间餐厅拥有舒适的沙龙结构和令人眼花缭乱的色彩组合。蓝色的扎染窗帘就像漫不经心的半成品画作，在金属杆上慵懒地铺展。抹茶色的中国风花鸟壁纸像是四面透风的笼屉，将空间限定在温暖而友好的氛围中。皇家蓝地毯为空间带来尊贵而高亢的华丽感，深紫红色的椅子和深棕色沙发与木质餐桌搭配出传统而舒适的用餐空间，玉米黄的装饰摆件为空间增添了雕塑艺术气息。

绛紫色，权力的游戏

腓尼基人从阿拉伯半岛来到黎巴嫩，在这里建成了长长的石头海岸。他们驱使大批奴隶潜入海底，捞起骨螺，为的就是从中提取鲜艳的紫色浆液，染成布匹，销往地中海各国。腓尼基是一个充满绛紫色的古老国度，绛紫色是他们祖祖辈辈传下来的生意。而流落到世界各地的绛紫色，却成了令人敬畏的颜色，象征着财富与地位。

CMYK

C:72 M:79 Y:52 K:14
C:6 M:5 Y:5 K:0
C:28 M:43 Y:64 K:0
C:22 M:13 Y:17 K:0
C:81 M:74 Y:67 K:39

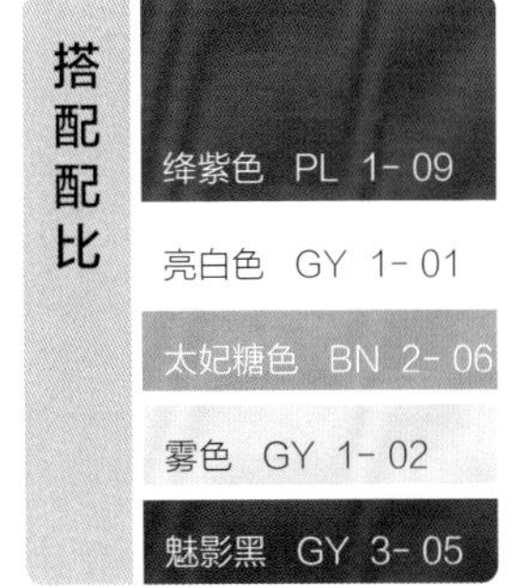

解析： 绛紫色在居室中的运用能够展现居住者的成熟魅力，彰显其内涵与深度。这个案例中，大面积的绛紫色带来尊贵的意象，而搭配亮白色的家具和饰品，对比鲜明，既提升空间格调，又尽显优雅气质。

浅薰衣草色，深谷幽兰

浅薰衣草色源自薰衣草花，明丽的色泽使之少了一丝华贵，多了一分少女的浪漫与梦幻。它低调优雅，似空谷幽兰，总在孤寂中独自等待、默默绽放，因此它是一款名副其实的“仙女色”。将其用在家居设计中，可以作为女性空间的主打色，用作空间背景时，大面积色彩的聚集可以让空间充满浪漫的甜蜜感，享受公主般的宠溺。

CMYK

C:19 M:23 Y:5 K:0

C:6 M:5 Y:5 K:0

C:9 M:41 Y:4 K:0

C:72 M:79 Y:52 K:14

C:81 M:74 Y:67 K:39

搭配配比

浅薰衣草色 PL 2-01

亮白色 GY 1-01

粉丁香色 PK 3-01

绛紫色 PL 1-09

魅影黑 GY 3-05

解析： 在阁楼空间设计中，精彩的卧室陈设依托浅薰衣草色的背景色，为空间带来柔和淡雅的气质。亮白色的天花板以及部分家具，形成了很好的过渡，粉色和紫色的花卉图案进一步柔化了空间，突显女性的温柔魅力。

帝王紫，辉煌时代的荣宠

帝王紫如它名字一般，具有强烈的距离感，它是君王头上佩戴的花冠，象征着荣誉和权力，高高在上，受人敬仰。它还是达官贵族身上的华服，尽享荣华富贵。帝王紫在家居中，常常作为点缀色出现，醒目的色彩，雍容的气度，魅力十足，抢尽风头。

CMYK

C:26 M:17 Y:18 K:0

C:6 M:5 Y:5 K:0

C:51 M:45 Y:45 K:0

C:76 M:89 Y:45 K:9

C:56 M:73 Y:78 K:22

搭配配比

冰川灰	GY 4- 01
亮白色	GY 1- 01
大象灰	GY 2- 03
帝王紫	PL 2- 05
玳瑁色	BN 5- 02

解析： 素雅的冰川灰结合饱满浓郁的帝王紫，可以获得高贵华丽的视觉感受，在丰富的层次渲染中，奢华得令人爱不释手。这个案例中，浅淡的冰川灰墙面与亮白色天花板，在明亮的光线下打造出轻盈柔婉的空间基调，帝王紫单人沙发惊艳惹眼，高贵典雅空间呈现出华美的视觉效果。

浅紫色，素静时光

浅紫色质感细腻舒雅，色泽若有似无，极其浅淡，像是绽放的花瓣间色彩最弱的部分，带着一丝莹润与纤柔。这种独特的质感十分适宜用作空间背景色，淡淡的、柔柔的色泽视感虽不令人惊艳，但一眼过后常常难以忘怀，仿佛一直柔到了骨子里。它可以配搭同色系来打造轻盈诗意的梦幻感，或是配搭素雅的冷色，营造轻柔缓和的居室氛围。

搭配配比

颜色	CMYK
白鹭色 YL 2- 01	C:7 M:7 Y:13 K:0
浅紫色 PL 3- 02	C:31 M:28 Y:5 K:0
沙色 BN 2- 03	C:18 M:19 Y:26 K:0
代尔夫特蓝 BU 2- 06	C:84 M:67 Y:28 K:0
橄榄绿 GN 7- 04	C:55 M:44 Y:76 K:0

解析：这是一个混搭完美的卧室空间，既有西方的窗幔和家具，又有东方的瓷器与边桌，而且还加入了新古典主义的饰品。在色彩上不同色调彼此融合，白鹭色的背景色，加入了浅紫色的线条装饰，代尔夫特蓝的陶瓷墩椅，守望着优雅而时尚的床具。

佩斯利紫，埃及艳后的盛装

佩斯利紫的魅力倾国倾城，曾是埃及艳后克利奥帕特拉的盛装的色彩，衬托了女王的美貌，令恺撒、安东尼为之迷恋。佩斯利紫有着与生俱来的优雅和浪漫气质，这种特质用于家居中，在印花图案的配合下，在充满线条感的家具衬托下，将女性魅力和奢华感完美地融合在一起。

CMYK

C:56 M:57 Y:7 K:0

C:6 M:5 Y:5 K:0

C:81 M:74 Y:67 K:39

C:18 M:19 Y:26 K:0

C:34 M:46 Y:87 K:0

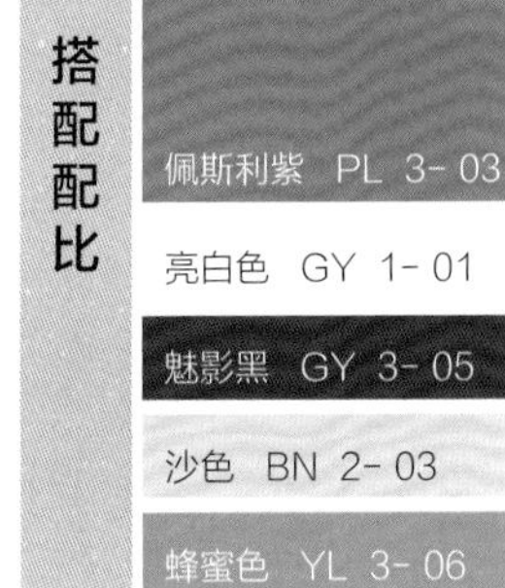

解析： 佩斯利紫具有强烈的个性，用作家居背景色，与东方花鸟手绘壁纸融合，呈现一派奢华的东方气息。再搭配上复古边角柜、水晶吊灯和现代风格的简约造型餐椅等，餐厅显得典雅而高贵。

田园风情的紫菀色

这是一款有趣的色彩，它有着所有紫色的优雅，而其淡淡的灰色调则令它更易于搭配。同时，它还有着一种复古的情绪，以及少许的怀旧气息，让人们的思绪禁不住回到过往。紫菀色用于家居中，非常适合营造轻松自在的田园风情，“采菊东篱下，悠然见南山”。

搭配配比

色名	CMYK
晚霞色 YL 2- 02	C:6 M:7 Y:22 K:0
黏土色 BN 3- 02	C:21 M:42 Y:57 K:0
紫菀色 PL 3- 04	C:59 M:57 Y:14 K:0
太妃糖色 BN 2- 06	C:28 M:43 Y:64 K:0
阳光色 YL 4- 01	C:9 M:17 Y:41 K:0

解析： 充满田园风情的客厅空间，使用晚霞色作为背景色，可以带来温馨舒适的氛围，而黏土色的黄麻地毯，也带有田园的特性。空间中的亮点是紫菀色的沙发和复古的扶手椅，它们可以很好地融入背景，同时又显得优雅、随性。

高贵神秘的罗甘莓色

罗甘莓色是紫色系中比较神秘的色彩，它具有优雅的一面，将紫色的妩媚动人直接地表露出来，它同时也有大众的一面，其明显的灰色调易于和更多的色彩搭配使用。用于家居设计时，它可以大面积使用，营造一个充满高贵气质的空间。

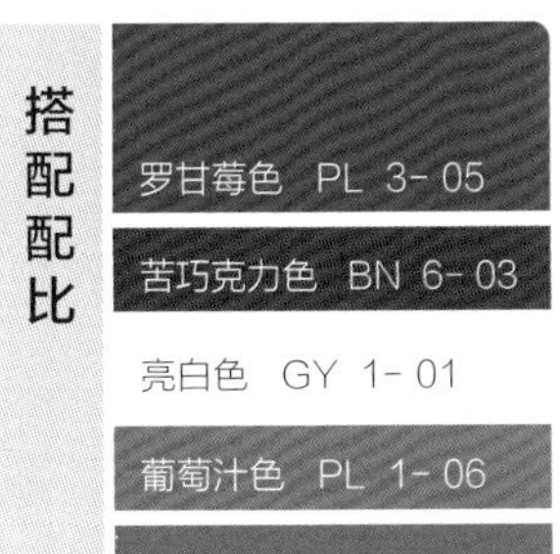

CMYK

C:75 M:78 Y:44 K:6

C:68 M:78 Y:71 K:38

C:6 M:5 Y:5 K:0

C:58 M:64 Y:40 K:0

C:75 M:49 Y:96 K:10

解析： 大面积的紫色在空间中使用并不容易，而这个卧室案例让人惊叹。灰色调的紫色笼罩了整个空间，罗甘莓色的背景色搭配葡萄汁色的点缀，既具有层次感，又有色调上的统一。而苦巧克力色的床头板和亮白色的床品形成强烈的明暗对比。卧室中点缀了新鲜的绿植，增添了生机和色彩的灵动感。

蓝紫色，风铃草之梦

蓝紫色是风铃草花的色彩，它在夏天的风里，悄悄地诉说着莫名的相思。它曾赋予人们非凡的创造力，被它祝福过的人，多会具有无穷的创造力。它也代表了承诺，对于忠贞不渝的爱情，有这朵蓝紫色的花作为凭证。今天，蓝紫色在家居中用淡淡的优雅和清新，演绎着幸福的人生。

CMYK

C:7 M:7 Y:13 K:0

C:6 M:5 Y:5 K:0

C:26 M:17 Y:18 K:0

C:55 M:42 Y:16 K:0

C:75 M:49 Y:96 K:10

搭配配比

白鹭色 YL 2- 01

亮白色 GY 1- 01

冰川灰 GY 4- 01

蓝紫色 PL 4- 02

树梢绿 GN 5- 05

解析：白鹭色比亮白色要多一些温暖的黄色相，用于餐厅的背景色，结合东方花鸟的图案，可以营造温暖优雅的气氛。蓝紫色是空间装饰的灵魂，除了在窗帘上勾勒出优雅的线条，在餐椅和灯饰上也搭配了蓝紫色，尽显女性的浪漫气质和尊贵典雅。

Home Color Design

GRAY

9. 灰色系

它是家居世界中的王者，居于潮流顶端，是从未被超越的色系。它既可以无限低调，低到尘埃里，又可以肆意张扬，成为璀璨耀眼的明珠。不论是设计师还是普通的家居爱好者，都可以利用灰色系的百搭优势设计出自己的家居风格，从东方韵味到现代简约，从巴黎时尚到北欧淳朴，灰色系都在其中发挥着主导作用。

万能的亮白色

在所有家居设计中，使用最多的就是白色了。它是无可取代的基础色，其百搭的特性，让你在迷茫的时候，可以毫不犹豫地选择它。白色本身也有着众多数量，甚至拥有一个白色系，从色相到色调都不尽相同。这里介绍的亮白色，是我们推荐的所有基础色中的基石。

解析： 这个案例中，可以看到亮白色与黑色搭配带来的艺术效果。很多人对于家居背景色不是很有把握，那么亮白色便是一个最安全的选择。而更多的美感和精致感存在于设计细节。在配色上，要打造现代艺术的气质，那么黑色和金属色是必不可少的选项，棕色更多用于沙发这类家具上，以体现舒适感。

高冷内敛的雾色

灰色调的雾色，比白色要暗一些，对于厌倦白色，而又对灰色运用生疏的人来说，雾色是一个安全的选择。它营造出来的空间素雅、干净，其百搭的特性，让它可以和任何色彩搭配。它可以用在墙面涂料、布艺，以及包布家具上。随着一天当中光线的不断变化，为空间带来冷暖的更迭。

CMYK

C:22 M:13 Y:17 K:0

C:26 M:17 Y:18 K:0

C:28 M:36 Y:44 K:0

C:62 M:65 Y:62 K:11

C:17 M:45 Y:84 K:0

搭配配比

雾色 GY 1- 02

冰川灰 GY 4- 01

古巴砂色 BN 3- 03

深灰褐色 BN 5- 04

金色 YL 4- 03

解析: 在这个家居案例中，墙面使用了雾色作为背景色，灰色调成为空间的基础色调。作为背景色，它恰如其分地烘托了设计师的细节装饰，比如极富创意的木质壁挂，沙发、靠包甚至白色台灯在它的衬托下也变得醒目起来。

银色的高雅生活

银色是灰色系中的贵族，是高贵的代表。银色作为背景色，从来不会让人失望。和其他金属色不同，银色更显柔和，优雅的中性色调具备了百搭的属性。在家居设计中，它更多出现在墙面装饰上，无论是涂料、墙纸还是布艺，都充满可塑性，可以搭配出理想的装饰效果。

CMYK

C:46 M:37 Y:36 K:0

C:26 M:17 Y:18 K:0

C:6 M:7 Y:22 K:0

C:6 M:5 Y:5 K:0

C:34 M:46 Y:87 K:0

搭配配比

银色 GY 1- 03

冰川灰 GY 4- 01

晚霞色 YL 2- 02

亮白色 GY 1- 01

蜂蜜色 YL 3- 06

解析： 银色的出色效果在这个卧室中展现得极其完美。该案例采用了银色的中性色调壁纸装饰墙面，创造出一个奢华的休闲场所。这种色调的灵感来源是设计师爱上的一款粉色芭蕾皮衣。在卧室里，柔软总是赢家，你可以试试用丝绸、天鹅绒和山羊绒来装饰。中性色在房间的豹纹地毯和锦缎窗帘上也发挥了作用。

大众化的素灰色

一袭优雅的灰色调，较低的明度让素灰色成为许多家庭装饰中的常用背景色。它不仅可以和众多色彩搭配使用，还具有强烈的明暗对比作用。往往明度较高的色彩会在它的衬托下变得格外醒目。它为那些喜爱在家居中使用各种饰品进行装饰的人提供了大施拳脚的好场地。

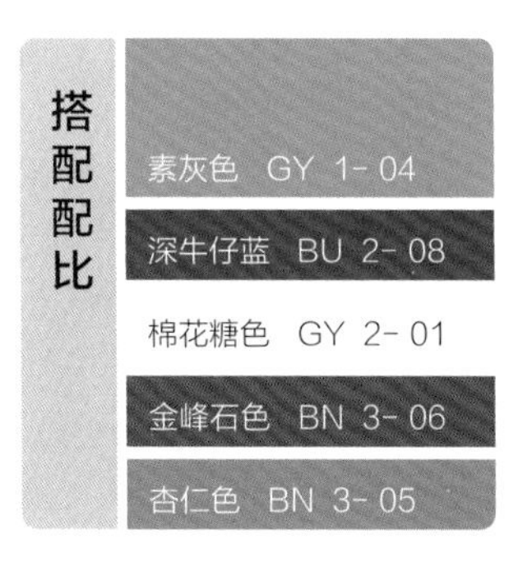

CMYK

C:51 M:40 Y:41 K:0

C:85 M:73 Y:53 K:16

C:8 M:7 Y:13 K:0

C:60 M:71 Y:84 K:28

C:40 M:58 Y:74 K:1

解析：这个卧室空间使用了素灰色作为空间背景色，在此基础上加入了令人印象深刻的装饰艺术和现代家具，不论是现代地毯、装饰挂画，还是杏仁色的沙发座椅，都使房间焕发了活力。

钢灰色，完美演绎都市中性风

拥有中等灰度的钢灰色，在整个灰色体系中属于冷酷且厚重的色彩。作为百搭时尚的中性色，它与经典的黑白色相搭配，演绎着独特的优雅气质。它不只运用在家居背景色上，在布艺上的效果也让人惊叹。当色彩跨越性别的界限，带来的是刚毅的理性质感。

CMYK

- C:66 M:57 Y:51 K:3
- C:29 M:26 Y:30 K:0
- C:16 M:21 Y:57 K:0
- C:6 M:5 Y:5 K:0
- C:24 M:44 Y:68 K:0

搭配配比

钢灰色	GY 1- 05
曙光银	BN 2- 04
暗柠檬色	YL 2- 04
亮白色	GY 1- 01
橡木黄	YL 4- 02

解析：钢灰色的背景雅致而厚重，但易造成室内较暗的氛围，可以结合其他配色有意提亮空间。本案例中，暗柠檬色的壁挂带来清凉淡雅的视觉感受，打破了大面积钢灰色背景的厚重感，曙光银的地毯搭配亮白色现代餐椅，显得简洁明亮。餐桌上方是古典的枝形吊灯，为空间带来璀璨的光明。

青铜色，倾听一首无韵的歌谣

古老的青铜器，是几千年前人类文明开端的象征。上面镌刻的图案与文字，是一首首无韵的歌谣。青铜色，是饱经风霜后的岁月遗留，是厚重历史下一抹轻飘的色彩。它没有刻意的渲染，完全浑然天成，与生俱来的灰色调，让它成为优雅的厚重背景。

CMYK

C:71 M:63 Y:60 K:12

C:61 M:40 Y:2 K:0

C:20 M:90 Y:87 K:0

C:12 M:8 Y:12 K:0

C:81 M:74 Y:67 K:39

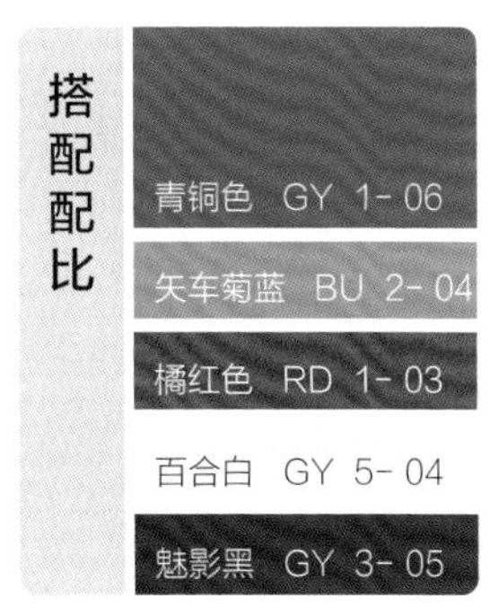

解析： 在充满现代气息的客厅中，背景使用了相对厚重的青铜色，而地面使用矢车菊蓝的地毯，明暗对比强烈。橘红色的单人沙发搭配百合白的多人沙发，产生强烈的色彩对比。而墙面上的挂画，为空间带来现代的气息。

海洋之心白鲸灰

趋近于黑色的颜色有很多，白鲸灰就是一种。然而它比黑色浅淡柔和一些，灰色调的它更多的是一种钢铁水泥的气质，适合打造男性化的雅致家居空间。当你想要在空间中使用阴暗的白鲸灰作背景色时，最好确保空间有很多扇窗，这会让一切更易于驾驭。

搭配配比

色名	色号	CMYK
白鲸灰	GY 1- 07	C:75 M:69 Y:70 K:35
百合白	GY 5- 04	C:12 M:8 Y:12 K:0
冰川灰	GY 4- 01	C:26 M:17 Y:18 K:0
山杨黄	YL 3- 02	C:4 M:19 Y:71 K:0
纯黑色	GY 1- 08	C:88 M:82 Y:76 K:64

解析：在这个书房设计中，墙面使用了白鲸灰，充满了醇厚的质感和润滑的光泽。虽然明度不高，但是通过灰白色的地毯和大量的挂画，打破了这种暗淡，而加入山杨黄的单人沙发，更是醒目吸睛，优雅时尚之余，也大大提亮了空间。

纯黑色，午夜的高楼

世间万物华彩，黑白最为震撼，隐去一切虚浮假象，揭开藏匿在色彩背后的真实，还原事物的本来面目。棋子黑白相间，粒粒分明。当喧嚣华彩皆散作浮云，只有天地之间流动的本色才谓自然。从达 · 芬奇时代，黑色就被当作一种时尚的色彩风靡起来。它无处不在，时刻保持着自己的魅力。它没有被世俗的刻板打败，不为消极的保守印象而迷失，即便它跻身暗夜，仍旧性感、大方。

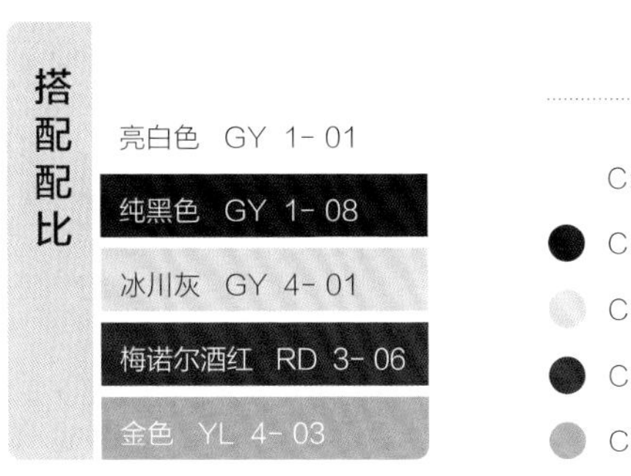

CMYK

C:6 M:5 Y:5 K:0

C:88 M:82 Y:76 K:64

C:26 M:17 Y:18 K:0

C:53 M:93 Y:82 K:32

C:17 M:45 Y:84 K:0

解析： 有人说纯黑色调过于深沉晦涩，而实际上纯黑色体现内涵、凸显精致，任何色彩在这块浓郁的色板上都将被无限放大。比起满目纯白营造的简雅居所和清新氛围，纯黑铺陈出的威严气势和强大气场也不容忽视。案例中大面积的黑白对比，带来现代家居的时尚与简约之美，中间点缀梅诺尔酒红，如暗夜玫瑰，阵阵幽香。

棉花糖色，童年的甜蜜记忆

童年的记忆总能唤醒温馨的感觉。蓬松的棉花糖入口即化，留下的是齿间的丝丝甜蜜。它的颜色白中带些许黄色，淡淡的，像被握住的云朵。当童年远去，成人的世界里，棉花糖虽成为记忆，而它的颜色却被掌握，无论时光如何流逝，棉花糖色依旧时刻陪伴在我们身边，呵护着童年的记忆。

搭配配比

色彩	CMYK
棉花糖色 GY 2- 01	C:8 M:7 Y:13 K:0
钢灰色 GY 1- 05	C:66 M:57 Y:51 K3
黄奶油色 YL 1- 03	C:11 M:15 Y:65 K:0
蜂蜜色 YL 3- 06	C:34 M:46 Y:87 K:0
魅影黑 GY 3- 05	C:81 M:74 Y:67 K:39

解析： 棉花糖色作为一款中性色调，温馨淡雅，给人以安全感。大面积用在家居空间中，可打造稳重舒适的气场。厚重的钢灰色被创意性地应用在天花板上，再搭配浅雅的灰白色装饰，对比之下层次分明。而以饱和度适中的黄奶油色作为色彩填充，勾勒出一分明丽与欢快，让整个空间显得更加精致唯美。

银白色，永恒的沉稳之色

银白色，沉稳之色，代表高尚、尊贵、纯洁、永恒。传统设计中，它显得神圣庄严，清秀俊美；而在现代设计中，它的百搭特性决定它可以和任意色彩搭配。尤其在力求混搭的设计中，银白色作为背景色总有出色的表现，能将古典的高雅和现代的时尚完美地融合在一起。

搭配配比		CMYK
银白色	GY 2- 02	C:28 M:23 Y:27 K:0
钢灰色	GY 1- 05	C:66 M:57 Y:51 K:3
蒸汽灰	GY 5- 03	C:13 M:9 Y:13 K:0
皇家蓝	BU 1- 03	C:86 M:82 Y:19 K:0
蜂蜜色	YL 3- 06	C:34 M:46 Y:87 K:0

解析： 美有千万种定义，这套案例的美在于色调的完美衔接。浅雅的灰白色调铺陈出内敛的低调氛围，点缀张扬醒目的金属色及皇家蓝装饰品，层层凸显出奢美与华贵。在材质运用上也极具新意，丝棉混纺的布艺窗帘、不锈钢单椅、釉面陶瓷边桌和亚麻棉混纺装饰的老式皮特 · 赫维特（Peter Hvidt）椅子等不同材质的家具、装饰物混搭在一起，令整个家的视觉感更加强烈，质感更加高端。

大象灰，温暖的知性美

在时尚界，大象灰非常流行，经常是包包的首选色彩。单独看似乎并不起眼，但是一旦搭配起来，它的品质感便体现得无与伦比。灰色调的大象灰是一种暖灰，百搭特性之余，突出的是一种知性美和品质感。它在家居设计中，更多地用于背景色。

搭配配比		CMYK
大象灰	GY 2- 03	C:51 M:45 Y:45 K:0
百合白	GY 5- 04	C:12 M:8 Y:12 K:0
钢灰色	GY 1- 05	C:66 M:57 Y:51 K:3
玉米黄	YL 2- 05	C:15 M:27 Y:81 K:0
祖母绿	GN 2- 03	C:80 M:23 Y:65 K:0

解析： 空间有巨大的落地窗，带来充沛的阳光和开阔的视野。大象灰的背景色与百合白的窗帘以及玉米黄的花卉相结合，营造出秋天的温馨和舒适感。在布艺上，几何条纹与花卉的经典组合，现代而浪漫，为空间注入了无尽的灵动感。

脉脉温情的岩石灰

凌乱的山冈，冰冷的岩石，丛生的杂草，在风雨的侵蚀下，它们显得孤寂无望，与世隔绝。然而，岩石灰却是其冰冷身体上附着的温暖外衣，不论风霜雨雪，它都静静地、温和地守护在那里，无怨无悔。它是自然界的温度，是有情众生的关怀。

CMYK

C:53 M:49 Y:54 K:0

C:56 M:73 Y:78 K:22

C:95 M:74 Y:33 K:0

C:6 M:5 Y:5 K:0

C:81 M:74 Y:67 K:39

解析： 自带温度的岩石灰墙面，用抽象的艺术品装饰。而玳瑁色的家具彼此观望，遥相呼应。亮白色床品与深海蓝色布艺装饰的加入，实现了冷与暖的相互交融，令视线明亮而通透，也将自然的韵味与优雅的质感表现得淋漓尽致。

烟灰色，爱在黄昏时

烟灰色就像黄昏时冗长的倒影，将自己融入环境中，分不清哪里是虚幻，哪里是真实，但是它一旦被剥离出来，依旧那么清透。烟灰色时常带着绅士的优雅，又流露着雅皮的不羁。它的角色难以捉摸，因此它会使你的家居充满多种可能性，不同的配色，经常带来大相径庭的效果。不过，可以肯定的是，不论何种效果，你都能从中感受到浓浓的爱意。

CMYK

- C:43 M:36 Y:34 K:0
- C:26 M:17 Y:18 K:0
- C:50 M:63 Y:97 K:8
- C:15 M:49 Y:78 K:0
- C:34 M:46 Y:87 K:0

解析: 在时尚大客厅的装饰中，烟灰色与黄色的组合可以带来意想不到的装饰效果。在这个案例中，石膏线装饰墙面背景，立体感与柔和感直面而来，白色天花板与灰色地毯互为补充，令视觉层次更为丰富饱满。触感光滑的奶油糖果色窗帘配合着光线，营造出高挑的视觉感，开阔了空间视野。

温柔无害的云灰色

天空的美，不仅仅在辽阔的碧蓝，那千姿百态的云彩更是为天空增添了无穷的魅力。云会呈现出不同的色彩，有的洁白如絮，有的浓重如铅，还有的映射出红色和紫色的光彩。而云灰色的灵感来自波状的云块，它们看起来不仅是灰色，还有着粉色的恬淡感觉。云灰色给人温柔无害的感觉，能够激发出一种强烈的保护欲，非常适合充当卧房的基底色。

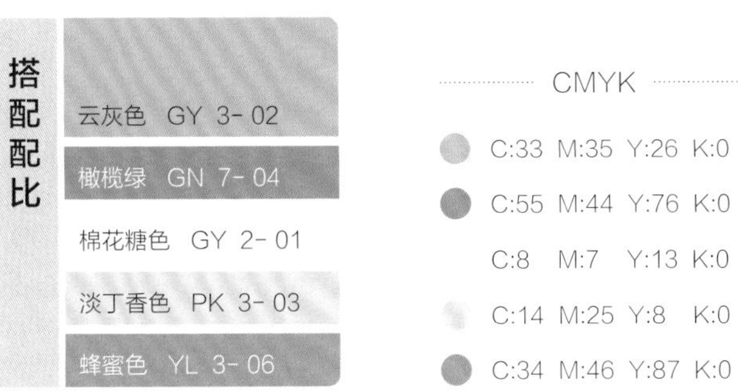

解析： 墙面采用壁纸装饰，图案雅致，结合了云灰色，更显温柔。棉花糖色地毯与床品增添了柔和气质。橄榄绿窗帘有自然的清新之韵，淡丁香色的室内点缀与背景色呼应，起到画龙点睛的作用，突出了女性优雅之美。

丁香灰，豆蔻年华犹自香

灰色系中，呈现偏紫色相的只有丁香灰了。它既有紫色的神秘浪漫，又有灰色的沉稳朴实。但是它的使用范围要超越许多紫色系的色彩，中性色的它，因为百搭特性可以和众多色彩搭配使用。然而最出彩的，莫过于在儿童房的使用，除了时尚素雅的气质外，也有充满童心的梦幻和动感。

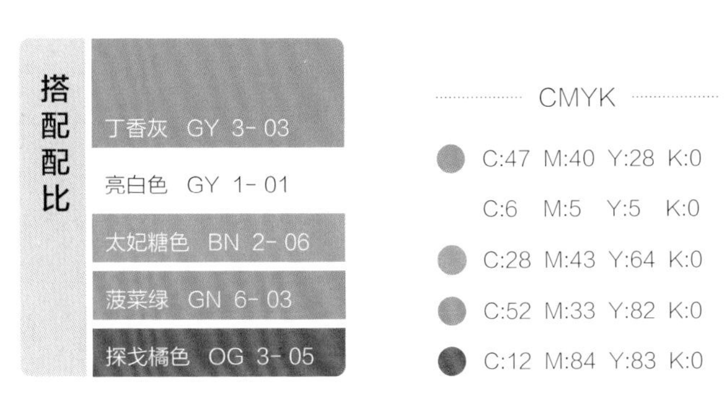

搭配配比

色彩	CMYK
丁香灰 GY 3- 03	C:47 M:40 Y:28 K:0
亮白色 GY 1- 01	C:6 M:5 Y:5 K:0
太妃糖色 BN 2- 06	C:28 M:43 Y:64 K:0
菠菜绿 GN 6- 03	C:52 M:33 Y:82 K:0
探戈橘色 OG 3- 05	C:12 M:84 Y:83 K:0

解析：这套案例呈现了丁香灰在打造儿童房时的强大能量。丁香灰的墙面搭配柔和的太妃糖色地板，并以白色作为过渡。墙面悬挂的绿色麋鹿艺术挂画，为空间注入了童趣，十分活泼可爱。

寂寞高冷霜灰色

万木凋零繁花败的霜灰色，带来的是冷落萧条的感受。它如深秋清晨冷霜凝结，吐露着丝丝的凉意。为此，它总是和白色搭配使用，寒冷之余，保留着纯净之美。它在家居中不宜大面积出现，往往附着在充满质感的材质上，比如壁纸、布艺；或者作为点缀出现，平衡空间的冷暖色调。

搭配配比	CMYK
霜灰色 GY 3- 04	C:56 M:47 Y:41 K:0
米褐色 BN 3- 01	C:21 M:31 Y:42 K:0
魅影黑 GY 3- 05	C:81 M:74 Y:67 K:39
太妃糖色 BN 2- 06	C:28 M:43 Y:64 K:0
灰蓝色 BU 2- 05	C:66 M:43 Y:30 K:0

解析： 略带清冷的霜灰色一旦与自然风景的壁纸相融合，仿佛发生了化学反应，让壁纸的意象表达更为充分，对于家居环境具有强大的渲染能力，进一步加强了空间的古典气质。图中大面积或黄或蓝的沙发置于米褐色地毯上，这样的冷暖对比，带来和谐的感受。太妃糖色的单人沙发和魅影黑的点缀，丰富了空间层次。

来自夜晚的魅影黑

虽然从黑暗中才能召唤光明，但是夜晚却具有独特的魅力。我们闭上眼睛沉入黑色的睡眠，美梦才会降临。在艺术家眼中，从来没有怀疑过黑色的意义，它始终是艺术的基石。偏蓝色相的魅影黑是黑色家族中的宠儿，它比沉闷的纯黑色更多了值得玩味的内涵和更灵活的表现方式。

CMYK

C:81 M:74 Y:67 K:39

C:6 M:5 Y:5 K:0

C:84 M:67 Y:28 K:0

C:46 M:37 Y:36 K:0

C:48 M:38 Y:91 K:0

解析： 受温泉启发的浴室潮流已经正式褪去。如今，大胆、黑暗的浴室设计引发了一种放纵的高端体验。尝试在浴室使用魅影黑，但也不能完全覆盖空间，可以留出一些明亮的余地，在饰品、窗框、浴缸、台面和地板上，尽量使用现代材料，打造长久崭新的环境。尝试用黑色的发散灯具，在万籁俱寂的时候，它们会像一只只黑色的小眼睛注视着你。

掌控雷电的暴风雨灰

暴风雨灰，让人联想起暴风雨来临前乌云翻滚的灰色天空，厚重而神秘。它是一款新颖的中性色，深灰色中散发着一缕蓝色光芒。它仿佛一位成熟、庄重、有内涵的女子，充满优雅的知性魅力。暴风雨灰不仅为时尚界打造着轻奢的气场，还成为家居世界备受瞩目的精品色彩。

CMYK

C:73 M:60 Y:52 K:5

C:84 M:67 Y:28 K:0

C:46 M:37 Y:36 K:0

C:6 M:5 Y:5 K:0

C:81 M:74 Y:67 K:39

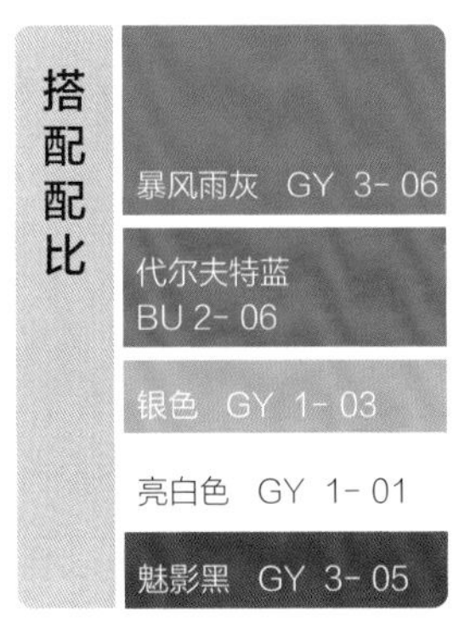

解析： 以暴风雨灰作为墙面装饰色的娱乐空间，需要非常好的采光，让光线毫无遮挡地倾泻到室内，这样可以消解暴风雨灰带来的阴暗厚重。此外，黑白灰是空间中主要的点缀色，而醒目的代尔夫特蓝起到了很好的提亮效果。

冰川灰，灰色系中的低调王者

它是终年皑皑白雪的冰川世界，是人迹罕至、飞鸟断绝的极地荒原。它的色彩千年不变，冰冷而高傲，不沾染一丝尘世的烟火气，从来是冰清玉洁。冰川灰是自然界最完美的中性色彩，它的优雅本色被时尚界和家居界奉为经典。它还是高级灰中最会隐藏自己的低调王者，如冰似玉，自在悠闲。

CMYK

C:26 M:17 Y:18 K:0

C:40 M:58 Y:74 K:1

C:6 M:5 Y:5 K:0

C:88 M:82 Y:76 K:64

C:75 M:49 Y:96 K:10

搭配配比

冰川灰	GY 4- 01
杏仁色	BN 3- 05
亮白色	GY 1- 01
纯黑色	GY 1- 08
树梢绿	GN 5- 05

解析：冷峻的冰川灰搭配极简的杏仁色床具，让现代简约从梦想走进现实。冰川灰的背景吸收空间的其他色彩，杏仁色的床具将古典造型用简约的几何线条呈现，勾勒出清晰的轮廓。一款冰川灰轮廓的顶灯，搭配几款中性色的室内配饰，令空间内女性的优雅气质显露无遗。

鲨鱼灰，霸道总裁的首选

鲨鱼灰让人联想到驰骋在自由海域里的水下王者，平静的色调中带着意想不到的爆发力。霸气如它，总如一张网，一切尽在掌握中，让你很难摆脱它的存在。因而在家居设计中，无论是与明亮色系还是暗沉色调相搭配，鲨鱼灰都绝对是凸显空间视觉张力的最佳选择。

搭配配比	CMYK
鲨鱼灰 GY 4-02	C:56 M:47 Y:41 K:0
亮白色 GY 1-01	C:6 M:5 Y:5 K:0
魅影黑 GY 3-05	C:81 M:74 Y:67 K:39
维多利亚蓝 BU 3-03	C:90 M:65 Y:13 K:0
毛茛花黄 YL 1-04	C:8 M:11 Y:80 K:0

解析： 书房使用鲨鱼灰作为背景色，沉稳庄重，同时搭配了亮白色的窗帘提亮空间。空间在鲨鱼灰的基础上大胆地使用了黑色调，但为了平衡大面积的暗色调，在一面墙壁上使用了超大的白色挂画，增添了空间的艺术气质。而少量的蓝色与黄色，可以起到非常好的点缀效果。

天空灰，沉静的力量

深邃静谧的天空，总是变化无常，时而纯净如蓝，时而铅云密布。天空灰介于两者之间，是风云际会渐渐飘散时留下的一抹倩影。它和冰川灰非常相似，只是多了一丝绿意，仿佛在云卷云舒中，吟唱着风起于青萍之末的歌谣。

CMYK

C:32 M:16 Y:20 K:0

C:6 M:5 Y:5 K:0

C:89 M:84 Y:53 K:23

C:66 M:43 Y:30 K:0

C:7 M:14 Y:37 K:0

搭配配比	
天空灰	GY 4- 03
亮白色	GY 1- 01
藏蓝	BU 1- 05
灰蓝色	BU 2- 05
奶油色	YL 3- 01

解析： 客厅采用了天空灰的清俊背景，而布艺采用了蓝色调，藏蓝沙发与灰蓝色的窗帘区别开来，既和谐又层次分明。温暖的奶油色点缀，搭配棕色家具，平衡了空间的冷暖色调。

雨灰色，忧伤而温柔的性格

雨灰色似乎饱含着忧伤，它有着温和的性格，孤独的眼神。雨灰色有着梅雨季的缠绵和潮湿，用得多了会让人无望；而雨灰色又有着知时节的敏感，用得少了会错过一季的精彩。

CMYK

C:36 M:23 Y:28 K:0

C:62 M:65 Y:62 K:11

C:6 M:5 Y:5 K:0

C:19 M:59 Y:66 K:0

C:76 M:19 Y:32 K:0

搭配配比

雨灰色 GY 5- 01

深灰褐色 BN 5- 04

亮白色 GY 1- 01

珊瑚金色 OG 2- 04

浅孔雀蓝 BU 6- 03

解析： 充满现代气息的空间中，墙面装饰采用了雨灰色，同时搭配亮白色的现代沙发和深灰褐色的地毯，三者形成一个稳固而百搭的组合。再加入珊瑚金色的灯饰和浅孔雀蓝的单人沙发，整个空间看上去是那么新鲜靓丽。

蒸汽灰，工业时代的色彩

工业革命的号角响起，大机器发出巨大的轰鸣声，伴随着奔腾而出的水蒸气，带来了世界的变革，蒸汽灰也由此而得名。它比亮白色稍暗，色相与百合白相似，它以素雅、轻盈、舒缓的颜色带来氤氲的视觉效果。

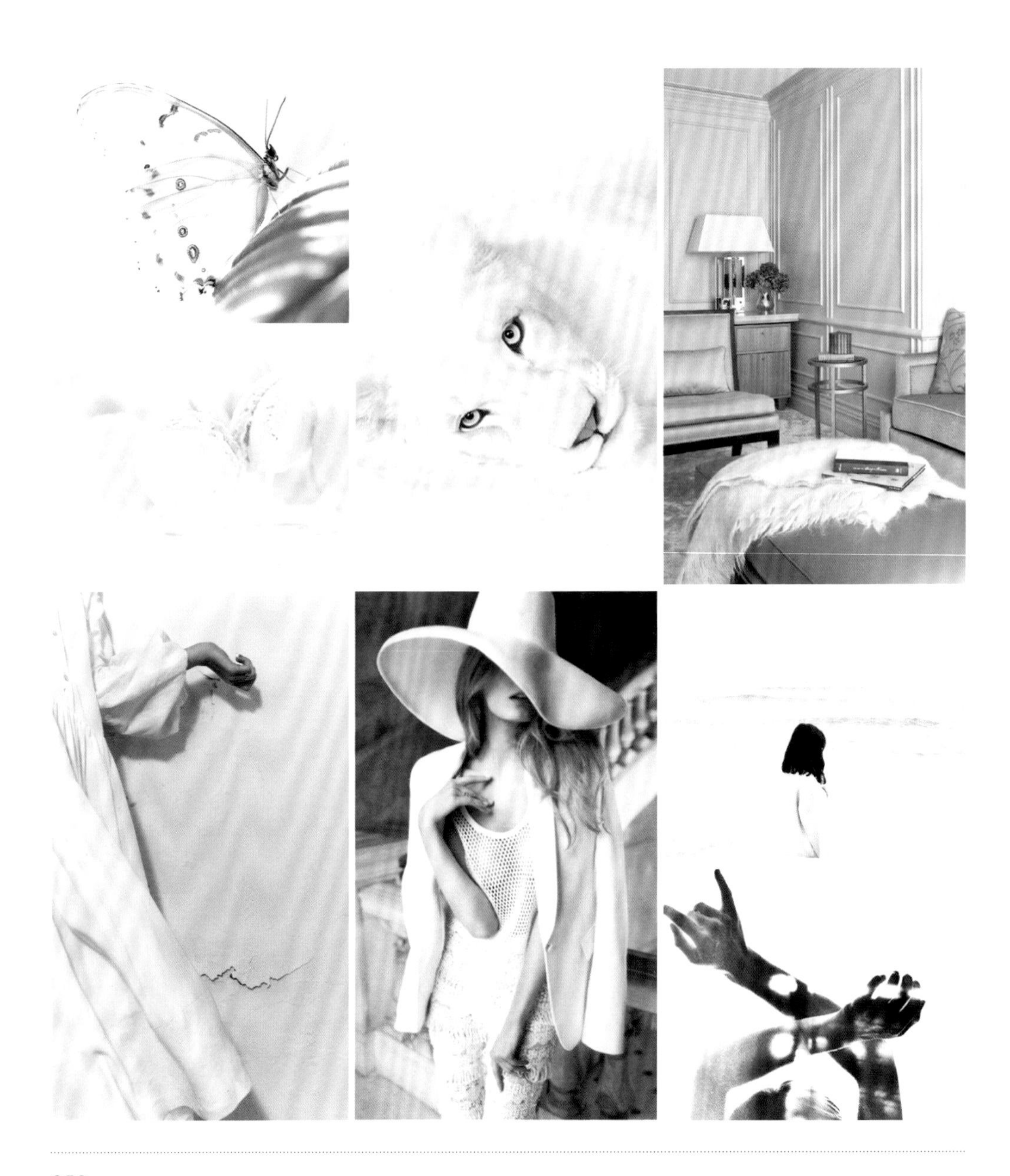

搭配配比

色彩	CMYK
蒸汽灰 GY 5- 03	C:13 M:9 Y:13 K:0
亮白色 GY 1- 01	C:6 M:5 Y:5 K:0
天空灰 GY 4- 03	C:32 M:16 Y:20 K:0
灰蓝色 BU 2- 05	C:66 M:43 Y:30 K:0
树梢绿 GN 5- 05	C:75 M:49 Y:96 K:10

解析： 在这套配色方案中，浅雅温润的色彩充满整个空间。以略带烟水气息的蒸汽灰作为墙面装饰色彩，亮白色的天花板则用石膏线简洁勾勒。古典风格的餐椅表面采用色调略深的天空灰，宁静素雅。边桌、边柜这些靠墙摆放的家具选用栗色，少许的陈旧色彩，带着传统意味。

百合白，清纯使者

百合白与我们常用的亮白色拥有相似的明度，但是作为中性色调的百合白，在色相上不同于亮白色的纯白，它带有些许黄绿色相。它的百搭特性使得其用途十分广泛，可以和亮白色搭配使用，既保持色调上的一致，又可以强调空间的层次感。如果厌倦了大众化的亮白色，那么百合白也是不错的选择。

搭配配比

色名	色号	CMYK
百合白	GY 5- 04	C:12 M:8 Y:12 K:0
古巴砂色	BN 3- 03	C:28 M:36 Y:44 K:0
玳瑁色	BN 5- 02	C:56 M:73 Y:78 K:22
魅影黑	GY 3- 05	C:81 M:74 Y:67 K:39
树梢绿	GN 5- 05	C:75 M:49 Y:96 K:10

解析： 本案例在充满古典韵味的硬装环境中使用了柔和的百合白作为空间背景色，在两扇落地窗之间，一面高大的镜子用精致的古典木作装饰，并使用树梢绿的涂料，和背景色形成强烈的色差。地面使用了柔软的古巴砂色地毯，上面摆放了舒适的玳瑁色单人沙发和魅影黑长沙发。空间整体突出了在百合白背景下棕色陈设的舒适和自然感觉。

银桦色，优雅成熟的古典魅力

银桦色源自于自然界中银桦树的色彩，有些许黄绿的色相，是一种暖灰。作为家居中的百搭色，它受到了众多设计师的喜爱与追捧，从时尚大牌的专属色到家居设计的时尚新贵，银桦色一直演绎着属于古典的优雅与成熟。

CMYK

C:23 M:17 Y:24 K:0

C:28 M:43 Y:64 K:0

C:33 M:43 Y:63 K:0

C:6 M:5 Y:5 K:0

C:52 M:33 Y:82 K:0

解析： 一个古典风格的家居中，墙面使用了优雅的银桦色，室内的陈设大多数使用了大地色调，以浅淡柔和的棕色为主，点缀了些许绿色来提亮空间。空间陈设很丰富，但是色彩搭配却很和谐，没有抵牾的地方。

INDEX 色彩索引

RED 红色 | PINK 粉色 | ORANGE 橙色 | YELLOW 黄色

名称	编号	CMYK
珊瑚色	RD 1-01	8 / 69 / 53 / 0
残烬红	RD 1-02	9 / 73 / 59 / 0
橘红色	RD 1-03	20 / 90 / 87 / 0
砖红色	RD 1-04	44 / 79 / 75 / 6
珊瑚红	RD 2-01	6 / 80 / 57 / 0
火红色	RD 2-02	22 / 96 / 83 / 0
蜜桃色	RD 2-03	19 / 77 / 57 / 0
极光红	RD 2-04	35 / 90 / 76 / 1
沙漠红	RD 2-05	33 / 61 / 49 / 0
番茄酱红	RD 2-06	47 / 86 / 78 / 13
中国红	RD 3-02	32 / 98 / 80 / 1
洛可可红	RD 3-03	32 / 91 / 66 / 1
庞贝红	RD 3-04	43 / 94 / 81 / 8
玛莎拉酒红	RD 3-05	48 / 77 / 64 / 6
梅诺尔酒红	RD 3-06	53 / 93 / 82 / 32
玫瑰红	RD 4-01	31 / 97 / 53 / 0
花蕾红	RD 4-02	47 / 95 / 61 / 6
高原红	RD 4-03	54 / 88 / 66 / 19
水晶玫瑰色	PK 1-01	2 / 31 / 13 / 0
火烈鸟粉	PK 1-02	4 / 54 / 24 / 0
珊瑚粉	PK 1-03	10 / 36 / 14 / 0
草莓冰	PK 1-04	13 / 59 / 31 / 0
热粉红色	PK 1-05	11 / 78 / 26 / 0
康乃馨粉	PK 2-01	8 / 66 / 12 / 0
胭脂粉	PK 2-02	17 / 77 / 18 / 0
甜菜根色	PK 2-03	26 / 92 / 34 / 0
粉丁香色	PK 3-01	9 / 41 / 4 / 0
柔玫瑰色	PK 3-02	24 / 58 / 20 / 0
淡丁香色	PK 3-03	14 / 25 / 8 / 0
奶油粉	PK 4-01	6 / 13 / 13 / 0
香槟粉	PK 4-02	7 / 16 / 18 / 0
暗粉色	PK 4-03	14 / 39 / 35 / 0
奶油糖果色	OG 1-03	15 / 49 / 78 / 0
深干酪色	OG 1-04	12 / 59 / 93 / 0
爱马仕橙	OG 2-01	0 / 67 / 90 / 0
橙赭色	OG 2-02	16 / 63 / 80 / 0
柑橘色	OG 2-03	3 / 55 / 66 / 0
珊瑚金色	OG 2-04	19 / 59 / 66 / 0
活力橙	OG 3-01	0 / 71 / 81 / 0
镉橘黄	OG 3-02	4 / 55 / 55 / 0
南瓜色	OG 3-03	22 / 72 / 82 / 0
火焰红	OG 3-04	2 / 82 / 82 / 0
探戈橘色	OG 3-05	12 / 84 / 83 / 0
嫩黄色	YL 1-01	11 / 4 / 38 / 0
粉黄色	YL 1-02	9 / 10 / 39 / 0
黄奶油色	YL 1-03	11 / 15 / 65 / 0
毛茛花黄	YL 1-04	8 / 11 / 80 / 0
奶黄色	YL 1-05	13 / 15 / 53 / 0

名称	编号	CMYK
白鹭色	YL 2-01	7 / 7 / 13 / 0
晚霞色	YL 2-02	6 / 7 / 22 / 0
帝国黄	YL 2-03	10 / 20 / 90 / 0
暗柠檬色	YL 2-04	16 / 21 / 57 / 0
玉米黄	YL 2-05	15 / 27 / 81 / 0
古金色	YL 2-06	10 / 32 / 87 / 0
奶油色	YL 3-01	7 / 14 / 37 / 0
山杨黄	YL 3-02	4 / 19 / 71 / 0
小苍兰黄	YL 3-03	9 / 29 / 86 / 0
含羞草花黄	YL 3-04	11 / 30 / 74 / 0
赭黄色	YL 3-05	20 / 37 / 71 / 0
蜂蜜色	YL 3-06	34 / 46 / 87 / 0
阳光色	YL 4-01	9 / 17 / 41 / 0
橡木黄	YL 4-02	24 / 44 / 68 / 0
金色	YL 4-03	17 / 45 / 84 / 0
黄水仙色	YL 4-04	29 / 48 / 81 / 0
纳瓦霍黄色	YL 4-05	8 / 13 / 25 / 0
琥珀绿	BN 1-01	48 / 52 / 88 / 2
百灵鸟色	BN 2-01	36 / 41 / 61 / 0
香薰色	BN 2-02	40 / 42 / 55 / 0
沙色	BN 2-03	18 / 19 / 26 / 0
曙光银	BN 2-04	29 / 26 / 30 / 0
淡金色	BN 2-05	33 / 43 / 63 / 0
太妃糖色	BN 2-06	28 / 43 / 64 / 0
灰褐色	BN 2-07	39 / 37 / 41 / 0
金棕色	BN 2-08	50 / 63 / 97 / 8
米褐色	BN 3-01	21 / 31 / 42 / 0
黏土色	BN 3-02	21 / 42 / 57 / 0
古巴砂色	BN 3-03	28 / 36 / 44 / 0
冰咖啡色	BN 3-04	38 / 47 / 60 / 0
杏仁色	BN 3-05	40 / 58 / 74 / 1
金峰石色	BN 3-06	60 / 71 / 84 / 28
小麦色	BN 4-01	14 / 25 / 36 / 0
驼色	BN 4-02	40 / 54 / 60 / 0
画眉鸟棕	BN 4-03	51 / 62 / 68 / 4
烤杏仁色	BN 4-04	22 / 34 / 38 / 0
月光色	BN 4-05	30 / 33 / 37 / 0
姜饼色	BN 4-06	50 / 53 / 56 / 1
皮革棕	BN 4-07	48 / 72 / 87 / 11
鹧鸪色	BN 4-08	60 / 68 / 74 / 20
巧克力棕	BN 4-09	71 / 73 / 75 / 43
玳瑁色	BN 5-02	56 / 73 / 78 / 22
灰泥色	BN 5-03	43 / 47 / 47 / 0
深灰褐色	BN 5-04	62 / 65 / 62 / 11
栗色	BN 5-05	67 / 71 / 71 / 31
肉豆蔻色	BN 5-06	57 / 67 / 65 / 11
貂皮色	BN 6-01	58 / 77 / 70 / 23
安道尔棕	BN 6-02	62 / 80 / 69 / 30
苦巧克力色	BN 6-03	68 / 78 / 71 / 38

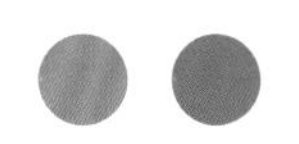

名称	编号	CMYK
深海绿	GN 1-01	87 / 64 / 63 / 22
湖水绿	GN 1-02	90 / 54 / 61 / 9
深青色	GN 1-03	91 / 67 / 63 / 25
绿松石色	GN 1-04	68 / 8 / 41 / 0
阿罕布拉绿	GN 1-05	83 / 35 / 61 / 0
古典绿	GN 1-06	84 / 53 / 62 / 8
万年青色	GN 1-07	88 / 55 / 73 / 17
鸟蛋绿	GN 2-01	39 / 8 / 31 / 0
薄荷绿	GN 2-02	54 / 0 / 38 / 0
祖母绿	GN 2-03	80 / 23 / 65 / 0
青椒绿	GN 2-04	84 / 36 / 72 / 1
墨绿色	GN 3-03	82 / 58 / 73 / 22
凯利绿	GN 4-02	79 / 19 / 80 / 0
经典绿	GN 4-03	73 / 6 / 95 / 0
浅灰绿色	GN 4-04	29 / 12 / 28 / 0
杜松子绿	GN 4-05	79 / 48 / 86 / 9
草绿色	GN 5-02	58 / 13 / 73 / 0
抹茶色	GN 5-03	57 / 22 / 70 / 0
灰绿色	GN 5-04	43 / 24 / 46 / 0
树梢绿	GN 5-05	75 / 49 / 96 / 10
柠檬绿	GN 6-01	46 / 10 / 93 / 0
绿光色	GN 6-02	38 / 8 / 73 / 0
菠菜绿	GN 6-03	52 / 33 / 82 / 0
雪松绿	GN 6-04	68 / 52 / 91 / 11
芹菜色	GN 7-02	30 / 14 / 63 / 0
绿洲色	GN 7-03	44 / 32 / 83 / 0
橄榄绿	GN 7-04	55 / 44 / 76 / 0
干草色	GN 7-05	57 / 48 / 69 / 1
垂柳绿	GN 7-07	38 / 28 / 58 / 0
青柠色	GN 7-08	48 / 38 / 91 / 0
古铜色	GN 7-09	58 / 51 / 100 / 5
深蓝色	BU 1-01	83 / 84 / 29 / 1
皇家蓝	BU 1-03	86 / 82 / 19 / 0
海军蓝	BU 1-04	87 / 84 / 39 / 3
藏蓝	BU 1-05	89 / 84 / 53 / 23
婴儿蓝	BU 2-01	33 / 16 / 12 / 0
浅灰蓝	BU 2-02	46 / 28 / 20 / 0
宁静蓝	BU 2-03	49 / 31 / 8 / 0
矢车菊蓝	BU 2-04	61 / 40 / 2 / 0
灰蓝色	BU 2-05	66 / 43 / 30 / 0
代尔夫特蓝	BU 2-06	84 / 67 / 28 / 0
深海蓝	BU 2-07	95 / 74 / 33 / 0
深牛仔蓝	BU 2-08	85 / 73 / 53 / 16
勿忘我蓝	BU 3-01	50 / 25 / 20 / 0
黄昏蓝	BU 3-02	56 / 31 / 18 / 0
维多利亚蓝	BU 3-03	90 / 65 / 13 / 0
米克诺斯蓝	BU 3-04	99 / 86 / 33 / 1
深灰蓝	BU 3-05	83 / 62 / 44 / 3
海蓝色	BU 4-01	43 / 14 / 14 / 0
挪威蓝	BU 4-02	68 / 22 / 17 / 0
景泰蓝	BU 4-03	82 / 43 / 14 / 0
海港蓝	BU 4-04	91 / 63 / 39 / 1
摩洛哥蓝	BU 4-05	91 / 70 / 49 / 9
蓝鸟色	BU 5-01	81 / 40 / 29 / 0
柔和蓝	BU 5-02	30 / 9 / 14 / 0
蓝光色	BU 5-03	59 / 1 / 22 / 0

名称	编号	CMYK
潜水蓝	BU 5-04	73 / 11 / 24 / 0
孔雀蓝	BU 5-05	84 / 43 / 39 / 0
比斯开湾蓝	BU 5-06	86 / 47 / 46 / 1
蒂芙尼蓝	BU 6-01	49 / 0 / 23 / 0
浅松石色	BU 6-02	46 / 11 / 25 / 0
浅孔雀蓝	BU 6-03	76 / 19 / 32 / 0
灰玫瑰色	PL 1-01	37 / 57 / 44 / 0
紫红色	PL 1-02	46 / 90 / 34 / 0
西梅色	PL 1-03	68 / 80 / 58 / 21
柔薰衣草色	PL 1-04	37 / 47 / 21 / 0
兰花紫	PL 1-05	39 / 71 / 7 / 0
葡萄汁色	PL 1-06	58 / 64 / 40 / 0
葡萄紫色	PL 1-07	69 / 92 / 44 / 6
深紫红色	PL 1-08	65 / 89 / 54 / 16
绛紫色	PL 1-09	72 / 79 / 52 / 14
浅薰衣草色	PL 2-01	19 / 23 / 5 / 0
紫水晶色	PL 2-02	53 / 68 / 3 / 0
梦幻紫	PL 2-03	71 / 89 / 37 / 1
紫罗兰色	PL 2-04	67 / 78 / 26 / 0
帝王紫	PL 2-05	76 / 89 / 45 / 9
浅紫色	PL 3-02	31 / 28 / 5 / 0
佩斯利紫	PL 3-03	56 / 57 / 7 / 0
紫菀色	PL 3-04	59 / 57 / 14 / 0
罗甘莓色	PL 3-05	75 / 78 / 44 / 6
薰衣草色	PL 4-01	52 / 36 / 12 / 0
蓝紫色	PL 4-02	55 / 42 / 16 / 0
亮白色	GY 1-01	6 / 5 / 5 / 0
雾色	GY 1-02	22 / 13 / 17 / 0
银色	GY 1-03	46 / 37 / 36 / 0
素灰色	GY 1-04	51 / 40 / 41 / 0
钢灰色	GY 1-05	66 / 57 / 51 / 3
青铜色	GY 1-06	71 / 63 / 60 / 12
白鲸灰	GY 1-07	75 / 69 / 70 / 35
纯黑色	GY 1-08	88 / 82 / 76 / 64
棉花糖色	GY 2-01	8 / 7 / 13 / 0
银白色	GY 2-02	28 / 23 / 27 / 0
大象灰	GY 2-03	51 / 45 / 45 / 0
岩石灰	GY 2-05	53 / 49 / 54 / 0
烟灰色	GY 3-01	43 / 36 / 34 / 0
云灰色	GY 3-02	33 / 35 / 26 / 0
丁香灰	GY 3-03	47 / 40 / 28 / 0
霜灰色	GY 3-04	56 / 47 / 41 / 0
魅影黑	GY 3-05	81 / 74 / 67 / 39
暴风雨灰	GY 3-06	73 / 60 / 52 / 5
冰川灰	GY 4-01	26 / 17 / 18 / 0
鲨鱼灰	GY 4-02	56 / 47 / 41 / 0
天空灰	GY 4-03	32 / 16 / 20 / 0
雨灰色	GY 5-01	36 / 23 / 28 / 0
沙漠鼠尾草灰	GY 5-02	42 / 28 / 41 / 0
蒸汽灰	GY 5-03	13 / 9 / 13 / 0
百合白	GY 5-04	12 / 8 / 12 / 0
银桦色	GY 5-05	23 / 17 / 24 / 0

注：霜灰色和鲨鱼灰 CMYK 值一样，但黑度和彩度不同，霜灰色黑度 50、彩度 05，鲨鱼灰黑度 45、彩度 02。

图书在版编目（CIP）数据

家居色彩设计 ：170个室内配色创意与应用方案 / 姜晓龙编著. -- 南京 ：江苏凤凰科学技术出版社，2020.11
ISBN 978-7-5713-1466-8

Ⅰ. ①家… Ⅱ. ①姜… Ⅲ. ①住宅－室内装饰设计－配色 Ⅳ. ①TU241

中国版本图书馆CIP数据核字(2020)第178890号

家居色彩设计：170个室内配色创意与应用方案

编　　著　姜晓龙
项目策划　凤凰空间/徐　磊
责任编辑　赵　研　刘屹立
特约编辑　徐　磊

出版发行　江苏凤凰科学技术出版社
出版社地址　南京市湖南路1号A楼，邮编：210009
出版社网址　http://www.pspress.cn
总 经 销　天津凤凰空间文化传媒有限公司
总经销网址　http://www.ifengspace.cn
印　　刷　北京博海升彩色印刷有限公司

开　　本　710 mm×1 000 mm　1 / 16
印　　张　23
字　　数　200 000
版　　次　2020年11月第1版
印　　次　2020年11月第1次印刷

标准书号　ISBN 978-7-5713-1466-8
定　　价　128.00元

图书如有印装质量问题，可随时向销售部调换（电话：022-87893668）。